U0344231

国家出版基金项目
NATIONAL PUBLICATION FOUNDATION

有色金属理论与技术前沿丛书

澜沧江陆缘弧云县段富钾火山岩与铜银成矿作用

POTASSIUM－HIGH VOLCANIC ROCKS AND Cu－Ag MINERALIZATION IN YUNXIAN SECTION OF THE LANCANGJIANG CONTINENTAL MARGINAL ARC

张彩华　刘继顺　著
Zhang Caihua　Liu Jishun

中南大學出版社
www.csupress.com.cn

中国有色集团

图书在版编目(CIP)数据

澜沧江陆缘弧云县段富钾火山岩与铜银成矿作用/张彩华,刘继顺著. —长沙:中南大学出版社,2016.1

ISBN 978-7-5487-2247-2

Ⅰ.澜... Ⅱ.①张...②刘... Ⅲ.①澜沧江-火山岩-铜矿床-成矿作用②澜沧江-火山岩-银矿床-成矿作用

Ⅳ.①P618.410.1②P618.520.1

中国版本图书馆 CIP 数据核字(2016)第093855号

澜沧江陆缘弧云县段富钾火山岩与铜银成矿作用

LANCANGJIANG LUYUANHU YUNXIAN DUAN
FUJIA HUOSHANYAN YU TONGYIN CHENGKUANG ZUOYONG

张彩华 刘继顺 著

□**责任编辑** 刘小沛 胡业民
□**责任印制** 易红卫
□**出版发行** 中南大学出版社
社址:长沙市麓山南路 邮编:410083
发行科电话:0731-88876770 传真:0731-88710482
□**印　　装** 长沙超峰印刷有限公司

□**开　　本** 720×1000 1/16 □**印张** 9.75 □**字数** 193 千字
□**版　　次** 2016年1月第1版 □**印次** 2016年1月第1次印刷
□**书　　号** ISBN 978-7-5487-2247-2
□**定　　价** 48.00 元

内容简介

Introduction

南澜沧江弧火山岩带属全球特提斯构造成矿域的一部分，在其云县段早晚三叠世中 - 基性富钾火山岩中铜银矿床(点)密集分布，找矿潜力巨大。本书以构造 - 岩浆 - 成矿作用为主线，首次对研究区内的中 - 晚三叠世富钾火山岩、花岗质小岩体和典型矿床——官房铜矿进行了深入剖析和系统研究，总结了官房铜矿的地质特征和成矿规律，阐述和探讨了铜银矿体与富钾火山岩的时空关系和成因联系，建立了官房铜矿的成矿模式和南澜沧江弧火山岩带云县段铜银矿床的综合找矿模型，优选了找矿靶区和找矿远景区。

本书可供从事区域地质、普查找矿、矿床风险勘探、矿业开发的工作者和科研人员及院校师生参考。

作者简介

About the Authors

张彩华，男，1970年出生。1994年毕业于桂林工学院矿产普查与勘探专业，2000年获中南大学管理科学与工程专业硕士学位，2007年获矿产普查与勘探专业博士学位，长期在长江中下游和西南“三江”地区从事地质找矿和科研工作。先后担任过湖北大冶有色金属公司丰山铜矿地质工程师和中南大学产业化基地云南蒙自矿冶公司独资的云县江天矿冶有限责任公司地勘处处长、副总经理及云南、广东、湖北、四川和内蒙古等地多家矿业公司顾问，为官房铜矿等矿山的找矿突破、公司快速发展做出了重要贡献，相关事迹曾被《科技日报》头版报道。承担和参加科研项目6项，发表学术论文十余篇，其中被SCI收录1篇和EI收录3篇。

刘继顺，男，1957出生。1981年、1986年和1989年分别获南京大学学士、硕士与博士学位，1991年从中南大学(原中南工业大学)博士后流动站离站后，晋升为教授并留校任教至今。长期致力于成矿理论研究与理论找矿实践，专长于区域成矿学、找矿系统工程学与矿业开发可行性研究。尤其在找矿靶区优选和定位预测方面成果突出，合作发现青崖沟金矿和卡拉塔格铜金矿田矿产地，对乌拉根、白牛厂和滥泥坪等矿山增储做出突出贡献。先后承担过国家攻关、国家计委科技找矿专项、国家自然科学基金、中国有色地质总局重点项目、中国地质大调查等20余项科研项目。出版专著3部，发表学术论文近百篇，获省部级科技进步奖6项。2009年度获全国野外科技工作先进个人称号。

编辑出版委员会

Editorial and Publishing Committee

国家出版基金项目
有色金属理论与技术前沿丛书

总序

Preface

当今有色金属已成为决定一个国家经济、科学技术、国防建设等发展的重要物质基础，是提升国家综合实力和保障国家安全的关键性战略资源。作为有色金属生产第一大国，我国在有色金属研究领域，特别是在复杂低品位有色金属资源的开发与利用上取得了长足进展。

我国有色金属工业近30年来发展迅速，产量连年来居世界首位，有色金属科技在国民经济建设和现代化国防建设中发挥着越来越重要的作用。与此同时，有色金属资源短缺与国民经济发展需求之间的矛盾也日益突出，对国外资源的依赖程度逐年增加，严重影响我国国民经济的健康发展。

随着经济的发展，已探明的优质矿产资源接近枯竭，不仅使我国面临有色金属材料总量供应严重短缺的危机，而且因为“难探、难采、难选、难冶”的复杂低品位矿石资源或二次资源逐步成为主体原料后，对传统的地质、采矿、选矿、冶金、材料、加工、环境等科学技术提出了巨大挑战。资源的低质化将会使我国有色金属工业及相关产业面临生存竞争的危机。我国有色金属工业的发展迫切需要适应我国资源特点的新理论、新技术。系统完整、水平领先和相互融合的有色金属科技图书的出版，对于提高我国有色金属工业的自主创新能力，促进高效、低耗、无污染、综合利用有色金属资源的新理论与新技术的应用，确保我国有色金属产业的可持续发展，具有重大的推动作用。

作为国家出版基金资助的国家重大出版项目，“有色金属理论与技术前沿丛书”计划出版100种图书，涵盖材料、冶金、矿业、地学和机电等学科。丛书的作者荟萃了有色金属研究领域的院士、国家重大科研计划项目的首席科学家、长江学者特聘教授、国家杰出青年科学基金获得者、全国优秀博士论文奖获得者、国家重大人才计划入选者、有色金属大型研究院所及骨干企业的顶尖专家。

国家出版基金由国家设立，用于鼓励和支持优秀公益性出版项目，代表我国学术出版的最高水平。“有色金属理论与技术前沿丛书”瞄准有色金属研究发展前沿，把握国内外有色金属学科的最新动态，全面、及时、准确地反映有色金属科学与工程技术方面的新理论、新技术和新应用，发掘与采集极富价值的研究成果，具有很高的学术价值。

中南大学出版社长期倾力服务有色金属的图书出版，在“有色金属理论与技术前沿丛书”的策划与出版过程中做了大量极富成效的工作，大力推动了我国有色金属行业优秀科技著作的出版，对高等院校、研究院所及大中型企业的有色金属学科人才培养具有直接而重大的促进作用。

王淀佐

2010 年 12 月

前言

Foreword

澜沧江陆缘弧系指“三江”构造岩浆带之一的澜沧江构造岩浆带的南段从景洪—景谷—云县二叠纪—三叠纪近南北向与澜沧江断裂大致平行的弧火山岩带，它是特提斯东缘存在于早泥盆世—早三叠世弧盆体系中的一部分，在其西侧为昌宁—孟连晚古生代洋脊/洋岛火山岩蛇绿岩带和临沧—勐海花岗岩带，东侧与扬子板块思茅微陆块的西缘相接。

澜沧江陆缘弧云县段铜银矿床(点)密集，除官房、文玉两个正在生产的规模达到或接近中型的铜银矿外，还有小型铜矿床(点)20余处，是国内极具潜力的铜多金属找矿远景区之一。这些矿床(点)类型相似，矿石矿物类型简单，蚀变强烈，普遍含银，矿体赋存于晚三叠世小定西组不同火山喷发旋回的富钾中-基性火山岩中，矿体在空间上以与火山机构或隐伏岩体关系密切为特色。

本专著以区域成矿学和弧火山岩成矿理论为指导，以构造-岩浆-成矿作用为主线，首次对区内的典型矿床——官房铜矿、有代表性的花岗质小岩体及中晚三叠世富钾火山岩进行深入剖析和系统研究。其主要内容(成果)如下：

(1)晚三叠世小定西组基性火山岩为高钾钙碱性-钾玄岩系列，具活动大陆边缘的弧火山岩的特征。元素同位素特征表明小定西组富钾基性火山岩既显示出一些壳源岩石的特点，同时又具有幔源岩石的特征。这种具有双重特征的岩石与来源于EMⅡ富集地幔的岩石一致，显示其源区具有壳-幔混源性质，即存在部分大洋沉积物、陆壳物质和地幔岩的深部混合作用，这种源区的形成与特提斯澜沧江洋板块向东的俯冲消减作用有必然的因果关系。

(2)中三叠世忙怀组流纹质火山岩的化学成分具有高硅、高钾、低钛的特征，属于弱碱质流纹岩中的钾质流纹岩，为钙碱性系列，与晚三叠世小定西组玄武质火山岩共同构成两个大的喷发旋回。岩石的地质地球化学特征表明忙怀组酸性火山岩的岩浆来源以壳源为主，主要为陆壳物质的重熔产物，同时有消减带物质的参与，表现出“碰撞型”弧火山岩的特点。

(3)小定西组基性火山岩中所夹硅质岩主要属于生物成因，形成于大陆边缘区，这与中－晚三叠世火山岩形成于陆缘弧构造环境的结论一致。

(4)老毛村岩体的岩石类型主要为二长花岗岩，具有高硅、富钾、过铝、钙碱性“S”型花岗岩特征。岩体的地球化学特征与中三叠世忙怀组“碰撞型”高钾流纹质弧火山岩有很大的相似性，体现了它们之间的演化关系。成岩物质主要为壳源，兼具有火山弧花岗岩和后造山花岗岩的特征，为特提斯澜沧江洋板块向东与思茅地块碰撞之后转入伸展引张体制下地幔底辟上隆发生地壳深融作用的产物。老毛村岩体形成的构造环境为“后造山”，岩体的 Rb－Sr 同位素年龄为 169 ± 5 Ma，形成时代为晚侏罗世。

(5)官房铜矿的矿体严格受断裂构造和火山岩岩性联合控制。矿床的形成时代晚于小定西组基性火山岩的形成年代。小定西组各分段在区域地层剖面中均无铜的初始富集，主要成矿物质应该来源于深部，不过需要指出的是小定西组火山岩每一次喷发旋回小韵律形成的由气孔杏仁熔岩和角砾岩组成的高渗透区域是矿床尤其是似层状矿体形成的良好容矿空间，对似层状矿体的形态具有控制作用。

(6)官房铜矿与典型的“火山红层铜矿”相比，有一些共同点，但官房铜矿玄武质火山岩的铜背景值低，基本上没有发生绿片岩相的变质作用，黄铁矿化和硅化等围岩蚀变十分发育且与成矿关系密切等特征又清楚地显示官房铜矿有自己鲜明的特点。基于研究成果，笔者认为官房铜矿属浅成中－低温火山次火山热液矿床，其成矿与同火山机构有关的次火山岩体或中酸性隐伏岩体的岩浆作用有密切的成因联系。

(7)南澜沧江带火山岩的演化历史表明，晚三叠世是区域应力场转折时期。晚三叠世时大规模的伸展作用、高钾钙碱性－钾玄岩系列岩石的大量发育以及后来的成矿作用事件不是偶然孤立的，而是受某种统一的深部作用机制的制约，而岩石圈拆沉作用可能是一种合理的深部作用机制。

(8)通过研究和总结官房铜矿的地质特征和成矿规律，阐述了铜矿体与火山岩的时空关系和成因联系，突破了“顺层鸡窝矿”的观点，总结了铜银矿床的控矿规律，并建立了官房铜矿的成矿模式和区域综合找矿模型，优选了找矿靶区和找矿远景区。与此同时，官房铜矿的地质找矿也实现了历史性的突破，取得了巨大的经济和社会效益。

本书得到了云南省院校合作项目“澜沧江火山弧云县段铜银矿带找矿预测与增储研究”(编号：2003UDBEA00Q021)及其合作单位云县江天矿冶有限责任公司的资助。江天公司的林增均、黎启政、韦庆帅、卢森维、黄伟东、覃福院、廖江浩、黄海旦等在我们野外工作期间给予了极大的支持和帮助，贵州省有色地质矿产勘查院的杨松、何明球、陈恒术等提供了许多有益的信息，在这里谨向他们表示由衷的感谢。

官房和文玉等铜银矿床目前还在进行下一步边深部找矿勘探，且不断有新发现。正因如此，本书成果具有阶段性的特点，且限于水平，缺点和疏漏在所难免，敬请读者批评指正。

作 者

目录

Contents

第1章　区域成矿地质背景

世界各国铜矿床的研究结果表明其分布是不均一的，都有“成带”或“成区”相对集中分布的趋势。这种相对集中的成矿特点，都与特定的大地构造背景相联系。对于弧火山岩地区的铜矿带或铜矿区而言则与特定的火山地质背景有着密切的关系。Mithchell 和 Garson(1981)提出的板块边界成矿的观点，将与成矿有关的大地构造背景分为三类：第一类与俯冲消减作用有关，包括岛弧、活动陆缘和弧后盆地三种次一级构造环境；第二类与碰撞作用有关，包括碰撞弧、上冲蛇绿岩带和碰撞后构造三个次一级构造单元；第三类为与大陆转换断层有关的独立单元。Sillitoe(1992)根据西太平洋地区的研究成果将岛弧火山地质背景细分为三个亚类：第一亚类是以挤压为主的岛弧，没有经历过拉张阶段，为正常岛弧火山岩组合；第二亚类是在岛弧背景上发育转换断层和走滑断裂带，可出现橄榄安粗质火山岩组合；第三亚类是岛弧后期或期后发生拉张构造，可出现双峰式火山岩组合。

研究区位于特提斯—喜马拉雅构造域三江褶皱系中南部，为扬子板块西缘的兰坪—思茅微板块和滇藏板块的聚合部位(图1-1)。区内岩石圈结构复杂，构造运动强烈，又经历了印支运动、燕山运动和喜马拉雅运动的深远影响，并伴随有多期强烈的火山活动和岩浆侵入活动，这种特殊的构造-岩浆演化背景为本区矿产资源的形成创造了良好的条件，形成了众多的铜、铅、锌、银、锡等金属矿床(点)，从而使该区成为我国西南铜、银多金属成矿带的重要组成部分和重要的找矿远景区。

1.1　区域地层

1.1.1　前寒武纪基底

南澜沧江弧火山岩的东部与中部均无前寒武基底出露，仅在本带的西部，澜沧江缝合带的西侧出露有元古宙—寒武纪的崇山群和澜沧群组成的澜沧江变质带。物探资料表明，东部的兰坪—思茅盆地以景东为界，其北部的兰坪盆地与南部的思茅盆地基底性质有所不同，兰坪盆地航磁反映为负背景磁异常，地震资料反映出地壳构造较为复杂，可能为古生代及以前活动型沉积，所形成的基底属于

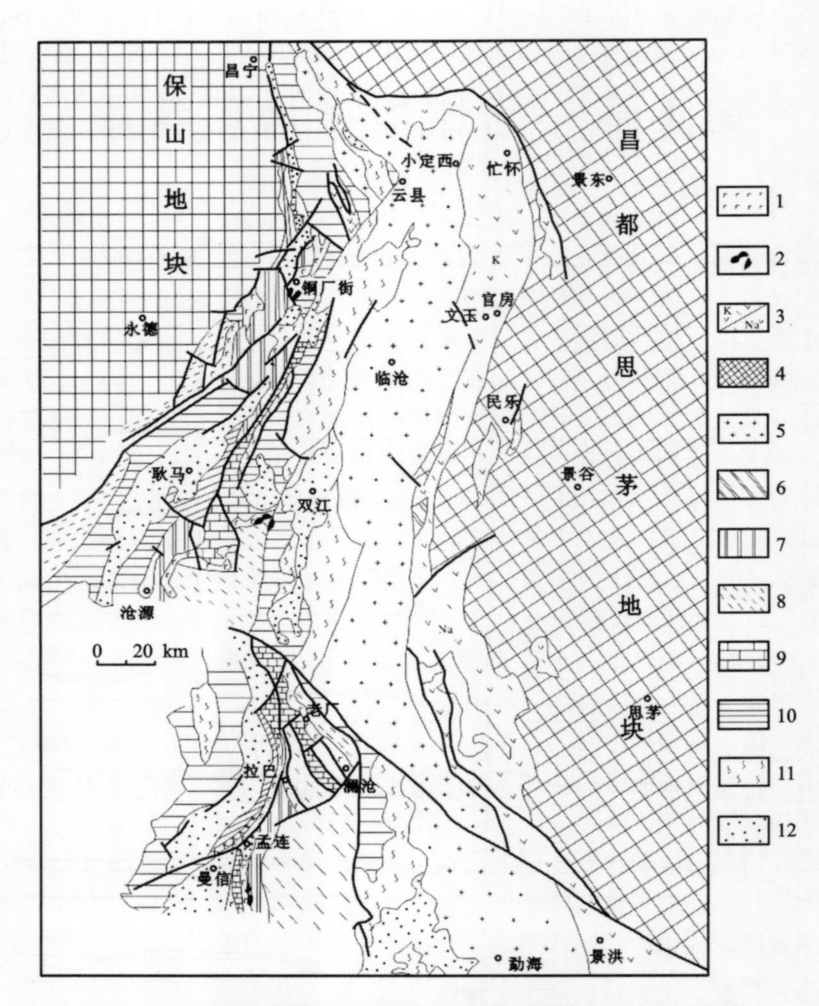

图 1－1　南澜沧江带区域地质略图（据李兴振等，1999，有改动）

1—洋脊/洋岛型玄武岩；2—超镁铁岩；3—钾质/钠质弧火山岩；4—花岗岩；5—被动边缘半深水－深水相；6—主动边缘（浊积岩）弧前斜坡相；7—洋盆深水相；8—半深水－深水相；9—浅水碳酸盐台地；10—前泥盆系地层，11—前寒武系基底，12—T_3－Q 地层

杨子陆块的陆源增生部分；思茅盆地航磁反应为正背景磁异常，地震资料表明地壳呈简单的双层结构，推测古生代沉积之下即为刚性基底，其物性可能仅相当于中－深变质岩，可能为中－晚元古代变质基底。

崇山群变质岩系北起碧江县与高黎贡山变质带分离，经漕涧、云龙至昌宁，南与临沧花岗岩基相接，东西分别为澜沧江深大断裂及瓦窑—澜沧江大断裂所挟持，经多期多相的变质作用形成，组成非常复杂。

澜沧群变质岩系分布于澜沧变质带的中南部，东界为澜沧江大断裂、临沧—勐海花岗岩带，出露于临沧、双江、勐海等地，向南延至缅甸掸邦。澜沧群变质岩系为一套夹有变质基性火山岩的浅变质微晶片岩、片岩和少量变粒岩，夹多层沉积变质铁矿，厚度巨大，总厚大于 9560 m，原岩为浅海环境中伴有火山活动产物的一套陆缘碎屑沉积物。

崇山群与澜沧群为以中深变质为主，部分浅变质的基底岩系，岩性主要由片麻岩、混合岩、大理岩、片岩和板岩组成。原岩为一套以碎屑岩为主夹中 - 基性火山岩、碳酸盐岩的地槽型沉积。地层时代属晚元古代，可能包含部分寒武系地层，其中崇山群可能层位略高。

1.1.2　晚古生代至中生代火山 - 沉积岩系

晚古生代火山 - 沉积岩系分布在沿昌宁—孟连带，遍布于曼信—依柳—老厂—双江—铜厂街整个带上，为一套洋脊/准洋脊玄武岩、洋岛型碱性玄武岩和碳酸盐岩组合。

下石炭统(C_1)：为一套洋脊/准洋脊玄武岩和洋岛型碱性玄武岩海相火山沉积建造，厚度近千米。岩性主要为橄榄拉斑玄武岩、石英拉斑玄武岩、碱性玄武岩、玄武质集块岩、玄武质凝灰角砾岩、玄武质沉凝灰岩和含放射虫硅质岩等，具多次火山喷发旋回。

中石炭统至二叠系(C_2 - P)：为一套海相碳酸盐沉积建造，岩性为灰岩、生物碎屑灰岩和白云岩，含腕足、珊瑚、海百合茎等化石，与下石炭统整合接触。

工作区内三叠系缺失下统，中、上统分布于南澜沧江沿岸，为一套火山沉积岩系。

中三叠统忙怀组(T_2m)：分布于澜沧江沿岸，是一套以酸性火山岩为主的火山沉积岩系。景谷民乐一带的宋家坡组(T_2s)与此相当。在剖面上(云县山头街)自下而上可分为三个喷发旋回。第Ⅰ旋回由浅紫色流纹质角砾凝灰岩→浅紫色流纹斑岩→流纹质凝灰页岩组成，厚 272 m；第Ⅱ旋回由石英斑岩、流纹斑岩→流纹质凝灰角砾岩、角砾凝灰岩、凝灰岩→凝灰页岩组成，厚 814 m；第Ⅲ旋回由流纹斑岩、石英斑岩、角砾凝灰岩→流纹质凝灰岩→页岩组成，厚 260 m。在整个剖面上酸性熔岩厚度占总厚度的 48.1%，火山碎屑岩占 44.1%，沉积岩占 7.8%。

上三叠统小定西组(T_3x)：分布于澜沧江沿岸，是一套以基性火山岩为主的火山 - 沉积岩系。火山岩岩石类型主要有高钾玄武岩、钾玄岩、粗玄岩以及相应的火山碎屑岩。沉积岩主要有灰色、紫红色凝灰质砂岩、页岩、白色硅质岩等。在剖面上自下而上可分为五个喷发旋回(云县小定西剖面)。小定西组的厚度在云县小定西一带大于2453 m，在官房一带大于2190 m。小定西组(T_3x)不整合伏于中侏罗花开左组(J_2h)之下，假整合覆于中三叠组忙怀组(T_2m)之上。

1.1.3 中生界红层

研究区的东侧中生界红层发育，为兰坪—思茅盆地的西缘。中侏罗统花开左组(J_2h)为海陆交互相红色沉积岩系，厚可达1000 m，超覆不整合于上三叠统小定西组基性火山岩地层之上。由下而上，粒度由粗到细，显示由砂泥质 - 泥质 - 泥灰质的韵律沉积，构成一个大的正半向旋回。下段的底部为肉红色厚层至块状细粒岩屑石英杂砂岩，向上为灰紫、暗紫色粉砂岩、灰白色块状硅质细粒石英砂岩、紫红色泥岩、粉砂质泥岩等。上段为灰白色厚层至块状细粒碎裂状石英砂岩、细 - 中粒钙质砂岩与浅灰、黄色钙质石英砂岩。

下白垩统景星组(K_1j)分布于云县后箐勤山—栗树、白水一带以西，分上、下两段。下段的底部为灰白、黄绿色厚层至块状细粒石英砂岩，偶夹黄绿、紫红色泥岩，底界为厚1 m的钙质砾岩；下部为紫红色泥岩、铁质粉砂岩夹暗紫色、紫红色块状粉砂岩；中部为灰白色块状细 - 中粒石英砂岩、细粒石英砂岩夹灰紫色粉砂质泥岩，含灰绿色泥灰岩扁豆体及结核；上部为紫红色块状粉砂岩夹灰绿色厚层至块状粉砂岩；顶部为灰绿色、灰白色厚层至块状细 - 中粒石英砂岩。厚640 m。上段主要为紫红色泥岩及粉砂岩，厚186 m。

1.2 区域地球化学背景

这里分两个区简述，即澜沧江以西地区和澜沧江以东的思茅地区。

1.2.1 澜沧江以西地区

利用各类岩石微量元素和成矿金属元素丰度资料计算得出该区地壳丰度，并与地壳克拉克值对比，结果如表1 - 1所示。

由表1 - 1可知：该区是一个Sn、W、Bi、B、Li、Rb、Cs、Pb、As、Sb等的高丰度区，以上元素与克拉克值比较，其浓集系数均在1.5以上，最大可达6。因此该区出现锡等多金属矿是有地球化学基础的。Cu、Ni、Co、Mo等元素丰度偏低，浓集系数均在0.6以下。由此可见，该区地球化学丰度的显著特点是，与酸性岩浆活动相关的元素丰度较高，而与中基性岩浆活动相关元素丰度较低。

表1-1 澜沧江以西地区微量元素及成矿元素丰度 $w_B/10^{-6}$

元素	Sn	W	Bi	B	F	Li	Rb	Cs	Be	Nb	Y	Cr
本区	5.1	2.9	0.4	27	685	32	165	10.8	2.4	145	18.7	131
地壳	2	2	0.09	10	625	20	90	3	2.8	20	33	100
浓集系数	2.6	1.5	4.4	2.7	1.1	1.6	1.8	3.6	0.9	0.7	0.6	1.3
元素	Co	Cu	Pb	Zn	Mo	As	Sb	Hg	Ag	Mn	Ti	Zr
本区	14	23	31	70	0.9	4.1	1.2	0.014	0.012	816	4271	155
地壳	25	55	12.5	70	1.5	1.8	0.2	0.08	0.07	950	5700	165
浓集系数	0.6	0.4	2.5	1	0.6	2.3	6	0.2	0.2	0.9	0.7	0.9

数据引自《滇西区带铜矿找矿立项物化探资料研究报告》，1993。

1.2.2 思茅地区

思茅地区微量元素和成矿金属元素的平均含量见表1-2。本区与澜沧江以西地区相比，Cu元素丰度依然偏低，但Pb、Zn较为富集。

表1-2 思茅地区地层部分微量元素和成矿金属元素平均含量表 $w_B/10^{-6}$

时代	Cr	Ni	V	Mn	Cu	Pb	Zn	Y
N	90	37	91	550	60	40	100	47
K	89	33	89	513	33	17	154	33
J	95	32	114	833	57	82	329	33
T	60	16	159	750	23	15	123	34
Tα	437	60	178		26	20	50	
Tβ	325	88	240		20	140	200	5
P	90	23	93	767	25	31	124	16
C	47	19	80	867	24	91	133	15
D	70	27	149	870	100	107	160	16
平均值	77	27	111	730	46	55	160	28

数据引自《滇西区带铜矿找矿立项物化探资料研究报告》，1993

1.3 区域构造

研究区内构造复杂，断裂发育。构造以褶皱为基础，以北北东向、南北向断裂为主，尤其是澜沧江深断裂，控制了本区岩浆作用和成矿作用的空间展布，形成了本区构造的基本格局。

1.3.1 主要构造特点

(1)澜沧江深大断裂

澜沧江深大断裂在卫星照片上的影像特征、地质构造特征以及地球物理场特征等方面表现突出，是一个巨型的逆冲推覆韧性剪切带。表现出明显的由西向东的逆冲－推覆特点，沿断裂带形成一条规模较大的糜棱岩带，表明它具有较深构造层次、构造作用的韧性剪切带的性质，以致临沧花岗岩体成为一种无根的推覆体产出。另一方面，沿澜沧江河谷同时存在一条呈现弧形弯曲的断面直立的走滑断裂，它被认为是喜马拉雅期陆内强烈改造变形阶段的产物。

澜沧江深大断裂的演化是长期的，构造也极为复杂。其基底构造为一组主要向西倾斜的逆断层带，地面主要形迹大致沿澜沧江延伸，大部分位于西岸，呈近南北向的"S"型弯曲，由数条近于平行的主断裂及其间的破碎带组成，向北延入西藏，与班公湖—丁青断裂相连，向南经景洪出境，与泰国的清莱—马来西亚中部缝合线相接。断层层面主要为西倾，陡倾，局部近直立。

断裂带西盘(上盘)出露一套元古代—古生代的变质岩系，北部为崇山群，南部为澜沧群，在澜沧群中分布有一套蓝闪片岩，用 Sm－Nd 法测定，蓝闪石形成年龄为 409.8 ±23 Ma(范承均等，1993)。海西－印支期沿断裂带西侧形成一系列花岗质岩体及辉长岩类基性岩体。

断裂带东盘(下盘)为中生代红层或二叠系、三叠系。印支－喜山期沿断裂带发生了强烈的火山－岩浆活动，如中晚三叠世发育了近5000 m厚的火山岩，延长达数百公里。澜沧江带的火山－岩浆活动严格受该断裂控制。

沿断裂带发育有强烈的构造变形带和变质作用。在断裂带西侧一般都发育有数十米至上千米的强片理化糜棱岩带、构造片(麻)岩带、东侧的中生代红层及澜沧江弧火山岩带则发育强烈不对称褶皱和劈理。

(2)拿鱼河断裂

拿鱼河断裂位于澜沧江断裂西侧，是平行澜沧江断裂的次级断裂，沿拿鱼河呈南北向波状弯曲延伸。断裂两盘地层均为三叠系上统小定西组(T_3x)和三叠系中统忙怀组(T_2m)。北端以压碎糜棱岩化为标志；南端有宽 150～500 m 具片理化、擦痕镜面的压碎构造角砾岩带。北段西倾，倾角约为 68°；南段东倾，倾角

50°~75°，属于压性断裂，南段局部扭动，具有多期次活动特征。

(3)酒房断裂

酒房断裂位于澜沧江断裂东侧，断裂走向为北北西向到北西向，倾向西，倾角70°~80°。断裂性质以压性为主，断裂沿线岩层产状陡立、倒转，并有平卧的小型褶皱，断裂带岩石破碎、劈理、菱形构造体及擦痕发育。断裂东西两侧的沉积作用和岩浆活动有明显差异。酒房断裂是一条延伸较长、深度较大、长期活动的大断裂，是南澜沧江带三叠系火山岩南部分布的界线。

(4)张导山复向斜

张导山复向斜位于澜沧江断裂东侧，核部地层为下白垩统景星组，两翼为中、上三叠统和不整合覆于其上的中侏罗统。向斜轴向340°—0°—350°，略呈一反"S"形弯曲。西翼较陡，倾角25°~50°；东翼平缓，倾角7°~25°；组成轴面西倾的不对称平缓向斜构造。在罗扎河附近向北仰起，南至张导山附近向南仰起，为复式向斜构造核部的主体。

1.3.2 构造与成矿的关系

澜沧江深大断裂为区内一超壳深断裂，它的长期活动既控制着区内印支期-燕山期火山-侵入岩的分布，也控制着新生代岩浆活动的分布，更影响着区域热液流体的活动强度和范围，进而控制着有关的铜、锡、铅锌等矿床的分布。

1.4 区域岩浆岩

1.4.1 岩浆岩的时空分布

区域内岩浆活动强烈，类型复杂，自元古宙以来均有发育，尤其自晚古生代至中生代最为强烈。晚古生代至新生代岩浆活动与澜沧江古中特提斯的演化密切相关，并且明显受深大断裂控制，所形成的岩浆岩主要分布于澜沧江断裂带及其附近，大致展布于呈南北向的狭长地带，在思茅盆地中仅零星分布。

本区晚古生代以来不同时代、不同构造部位和不同大地构造体制下形成的岩浆岩具有不同的岩石学、岩石化学及地球化学特征(莫宣学，1998；阙梅英，1998)。晚古生代的岩浆作用产物主要分布在昌宁—孟连带，为一套洋脊/准洋脊型玄武岩(C_1)、洋岛型玄武岩(C_1-P_1)组合。

主要形成于印支期的"S"型花岗岩构成了临沧—勐海花岗岩带的主体，三叠纪的岩浆作用表现为异常强烈的火山喷发活动，火山活动中心沿澜沧江断裂分布。在澜沧江断裂带北段发育一套英安斑岩、霏细斑岩及火山碎屑岩夹少量中基性熔岩，厚度大于1400 m；沿澜沧江断裂带的南段即南澜沧江带，在中三叠世形成了一套高钾流纹岩、石英斑岩和流纹斑岩，在晚三叠世形成了一套高钾玄武岩、钾玄岩，火山岩总厚度大于5000 m。

燕山期岩浆活动主要表现为沿澜沧江深断裂带的中酸性岩浆侵入活动，呈小岩体群产出，位于临沧—勐海花岗岩带的东侧，小岩体多产于中晚三叠世火山岩中。岩性以黑云母花岗岩、二长花岗岩、花岗闪长岩为主，次为石英闪长岩、闪长玢岩等，形成时代为主要为三叠纪—白垩纪，多数为侏罗纪—早白垩世(陈吉琛，1987)。

喜马拉雅期的碱性岩浆活动在区域上也很发育，碱性岩的分布同样受深断裂的控制。根据这些岩体与渐新统呈侵入接触或盖在渐新统之上的接触关系，其侵入或喷出的时代应为渐新世末，其年龄应为25～30 Ma(阙梅英等，1998)。此外在昌宁—孟连带老厂铅锌银矿区深部多个钻孔中发现花岗斑岩，Rb－Sr年龄值为50.27 Ma，也属喜马拉雅期，并且与成矿关系密切(阙梅英等，1998)。

1.4.2 岩浆活动与金属矿产的成矿关系

区域晚古生代的岩浆活动发生于拉张的构造背景下，在昌宁—孟连带形成洋脊/洋岛型玄武岩、蛇绿岩，与之有关的金属矿产主要是块状硫化物矿床和热液型矿床，主要矿产是铅、锌、银矿，其次是铜矿。至中生代，区域岩浆活动强烈，发育碰撞型和滞后型弧岩浆带及临沧—勐海花岗岩带，与之有关的矿产主要为斑岩型、玢岩型、热液型、矽卡岩型铜、铅、锌、金、银、锡多金属及稀有金属矿床。喜马拉雅期的碱性岩浆作用所形成的碱性岩以富集大离子亲石元素(LILE)、轻稀土元素(LREE)和高场强元素(HFSE)为特征(尹汉辉等，1993)，碱性岩体规模一般不大，主要发育于兰坪—思茅盆地两侧，沿断裂带分布，可能与脉状黝铜矿型铜矿床成矿关系密切。

1.5 区域构造单元

研究区位于特提斯—喜马拉雅构造域三江褶皱系中南部，主体部分集中在澜沧江断裂及其附近的大致呈南北向展布的狭长地区。从区域构造上看，其东侧是扬子板块，西侧是滇藏板块，研究区地处扬子板块西缘的思茅地块和滇藏板块的接合部位。

本区的构造格架从西向东依次为昌宁—孟连晚古生代洋脊/洋岛火山岩、蛇绿混杂岩带、印支期临沧—勐海花岗岩带、南澜沧江二叠纪—三叠纪弧火山岩带和思茅微陆块的西缘。

1.5.1　昌宁—孟连古特提斯洋脊/洋岛火山岩蛇绿岩带

昌宁—孟连古特提斯洋脊/洋岛火山岩蛇绿岩带位于研究区西侧，属冈瓦纳古陆边缘，由昌宁段、耿马段和澜沧段三段组成，三者被小黑河断裂及南定河断裂错移分割。

昌宁—孟连古特提斯洋脊/洋岛火山岩蛇绿岩带呈南北向展布，北起昌宁，南经耿马、澜沧老厂、孟连曼信，后延伸出国境至缅甸，断续分布长达400多公里。

洋脊/准洋脊型玄武岩(MORB/MORB - like)在空间上出露于曼信和铜厂街，时间上分布在早石炭世至晚石炭世早期，均属拉斑玄武岩系列。岩石类型有石英拉斑玄武岩、橄榄拉斑玄武岩、含紫苏辉石的碱性玄武岩。剖面上以熔岩为主，夹少量玄武质凝灰岩(可含玄武质熔岩集块)，沉积夹层为远洋非补偿硅质岩，含深水型放射虫组合(冯庆来等，1993)，与其共生的还有变质橄榄岩(蛇纹岩)、变质堆晶岩—变质辉橄岩、橄辉岩(部分或全部变为蛇纹石)以及变质辉绿岩墙。岩石化学和地球化学特征表明该类玄武岩属洋脊/准洋脊型玄武岩(莫宣学等，1998)，从而可以认为该类火山岩序列构成了洋壳岩石组合，具有蛇绿混杂岩的特征。

洋岛型玄武岩(OIB)在空间上遍布曼信、依柳、老厂和双江各处，在曼信与洋脊/准洋脊型玄武岩(MORB/MORB - like)共生；时间上，洋岛火山岩序列(含碳酸盐岩等沉积岩)分布于石炭纪—二叠纪。OIB属碱性玄武岩系列，岩石类型多样，主要有碱性橄榄玄武岩、苦橄玄武岩、碧玄岩、钾质粗面玄武岩、钠质粗面玄武岩。火山岩的层序和共生岩石表现为，下部以碱性系列玄武岩为主，夹火山碎屑岩，上部以火山碎屑岩为主，夹熔岩；顶部与上覆台地相碳酸盐岩呈整合过渡关系，即火山岩顶部夹灰岩，上覆灰岩，底部夹凝灰质泥岩、粉砂岩；碱性玄武岩之下共生拉斑系列洋脊/准洋脊型玄武岩，其中夹远洋非补偿深水型放射虫硅质岩。从下到上，表明水体由深到浅，熔岩由多到少，火山碎屑由少到多。上述特征与现代太平洋广泛发育的洋岛或海山的特征相当(Binard, et al., 1992)。现代洋岛的一般层序是：下部以碱性系列玄武岩为主，中部以火山碎屑岩为主，上部为边缘礁或碳酸盐台地。

1.5.2　南澜沧江带二叠纪—三叠纪弧火山岩

南澜沧江带二叠纪—三叠纪弧火山岩分布于昌宁—孟连结合带和临沧—勐海花岗岩带东侧，北起云县，经官房、文玉、民乐向南延至景洪一带，沿澜沧江两岸展布。

火山岩分别属于低钾拉斑 - 钙碱性系列和高钾钙碱性 - 钾玄岩系列，以中性火山岩为主，其次为酸性火山岩，基性火山岩较少，火山碎屑岩比例较大，从而表现为弧火山岩之特征；在地球化学特征上也具弧火山岩之属性。但是，二叠纪、三叠纪的中南段与北段却又各自具有不同的特点。二叠纪与中南段(民乐以南)的三叠纪火山岩特征比较接近，岩石富钠，属低钾拉斑-中钾钙碱系列，具有石英拉斑玄武岩-玄武安山岩-安山岩-英安岩-流纹岩的岩石组合；北段(民乐以北，包括官房、文玉、小定西等)中晚三叠世火山岩与中南段的不同表现为：火山岩富 K_2O，属高钾钙碱系列-钾玄岩系列，岩石组合为钾质粗面玄武岩-高钾玄武岩-钾玄岩-安粗岩-高钾流纹岩及其碎屑岩。

从各方面综合分析，南澜沧江带二叠纪、中南段中晚三叠世、北段中晚三叠世三部分火山岩在岩石组合岩浆系列、岩石地球化学特征方面的差异，不是后期蚀变或交代作用造成的，而是因为两者属于不同的岩浆演化系列，是不同源的，其成因与火山弧发育的不同阶段以及距离海沟不同位置的弧岩浆作用特点有关，因而表明南澜沧江弧火山岩带是一个复合的火山弧。参照俯冲碰撞带岩浆作用的特点，上述二叠纪钙碱性系列火山岩应属俯冲同步型弧火山岩；早三叠世是澜沧江洋板块与思茅地块的主要碰撞时期，碰撞作用使地壳增厚、缓慢隆起，导致南澜沧江带缺失下三叠统；该带内中三叠世的酸性火山岩应属后碰撞型弧火山岩；在此之后的晚三叠世火山岩应属滞后型弧火山岩，中南段钠质火山岩可能形成时间较早，并偏向俯冲带一侧，北段富钾火山岩形成时间较晚，并靠近思茅地块一侧(莫宣学等，1998)。

1.5.3 临沧—勐海花岗岩带及其大地构造性质

刘本培等(1993)认为临沧地体是一个增生体，在晚二叠世之前已经增生到思茅地块西缘，并认为临沧地体是从冈瓦纳北缘离散、漂移过来的，但未提到基底岩石和岛弧岩浆作用方面的证据。李继亮(1988)认为临沧—勐海花岗岩原来是弧火山岩的基底，后来沿韧性变形的滑脱面向西推覆而出露。关于临沧—勐海花岗岩带形成的大地构造环境也有不同的看法，陈吉琛(1989)认为古特提斯洋壳于晚二叠世-早三叠世期间沿澜沧江深断裂向西俯冲时形成了临沧古岛弧花岗岩，在晚三叠世板块碰撞时又被改造成巨大的花岗岩带。刘昌实(1989)认为临沧岩体属同碰撞型花岗岩，板块碰撞时间是192~275 Ma。

临沧—勐海花岗岩介于昌宁—孟连带和南澜沧江弧火山岩带之间，平行南澜沧江弧火山岩呈南北向展布。其规模巨大，东西宽10~48 km，平均宽度22.5 km，云南省内南北连续出露长达350 km，面积近10000 km^2，断续向南沿伸到东南亚地区逾2400 km。临沧—勐海花岗岩的地下形态为一向西倾斜、中部略为下凹的楔状体。东部一般延深较浅，为0.5~2 km；西部较深，为8~12 km(陈元坤等，1988；秦元季，1993)。岩体东侧与上古生界和三叠系之间为规模巨大的逆冲

-推覆韧性剪切带；北端与中三叠统忙怀组酸性火山岩呈侵入关系；西侧与中元古界澜沧群多为侵入接触关系。岩体岩性相对较简单，以黑云母二长花岗岩和黑云母花岗闪长岩为主；岩石化学成分具“S”型花岗岩特征。国内外许多研究实例表明，具有这些特征的花岗岩基只能形成于聚合板块边缘。此外，根据俯冲带的地质结构和岛弧岩浆作用的特点，花岗岩一般侵位于弧火山岩之下的陆壳中。临沧—勐海花岗岩是深成相，其东侧绝大部分以断层与弧火山岩相接触，仅在北端可见花岗岩枝侵入到晚三叠世火山-沉积岩系中。花岗岩带及其西侧的元古宙基底岩石现在的产状是在早侏罗世以后沿该断层逆冲、抬升后剥蚀的结果，也就是说临沧—勐海花岗岩带的出露破坏了南澜沧江弧火山岩带与昌宁—孟连带洋盆火山岩带之间原来毗邻的空间关系。

据同位素年龄测试结果(图1-2，全岩Rb-Sr法、锆石U-Pb法、黑云母K-Ar法，陈吉琛，1987；云南省地质志，1990)，临沧—勐海花岗岩的年龄值范围大多数为288~138 Ma，即二叠纪至侏罗纪之间，而且二叠纪间较少，早三叠世也极少，多数在中三叠世至早侏罗世之间，这个时间与特提斯洋的最终关闭、南北大陆碰撞时间相当。

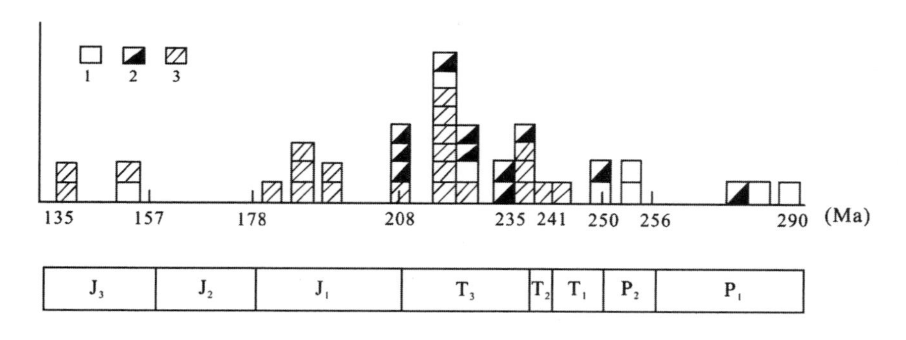

图1-2 临沧花岗岩岩体同位素年龄频率分布图

(数据引自《云南省区域地质志》，1990)

1—锆石U-Pb；2—全岩Rb-Sr年龄值；3—黑云母K-Ar年龄值

据England和Thompson(1984)对碰撞造山带压力-温度-时间轨迹的模拟结果，碰撞造山带的形成和变化分为两个阶段：碰撞导致出现陆壳增厚阶段，以及随后的隆升、受侵蚀阶段。前者进行得比较迅速，在此阶段，岩石的压力迅速增加，而单独岩石内的温度变化甚微；后者持续时间较长，在最初的微弱、缓慢侵蚀过程中(可以是几十个百万年)，由于热松弛效应，岩石被快速增温，而压力下降很慢，温度可以增加至815~915℃，在其他条件合适时，地壳岩石可以发生部分熔融。也就是说，在短暂的板块碰撞作用过程中，增厚地壳的压力迅速增加，而温度的增加有一个滞后的过程；所以，地壳部分熔融形成花岗岩的作用一般不能发生在同碰撞阶段，而发生在后碰撞阶段。

再结合临沧—勐海花岗岩的年龄测定结果以及共生火山岩的特征，二叠纪时期的花岗岩属俯冲同步型；早三叠世板块碰撞阶段几乎没有花岗岩的形成，与上述分析一致；中三叠世－侏罗纪花岗岩属后碰撞－滞后型岩浆岩，即临沧—勐海花岗岩体主体属于后碰撞－滞后型花岗岩，形成于中晚三叠世间。

1.6 南澜沧江特提斯演化

1.6.1 昌宁—孟连——南澜沧江带构造岩浆格局

通过上述各方面的分析，可以清楚地勾画出昌宁—孟连带南澜沧江弧火山岩带的构造－岩浆格局。昌宁—孟连晚古生代－中生代（以前者为主）洋脊/准洋脊型火山岩蛇绿混杂岩代表古特提斯的主支——澜沧江洋的残迹，其东侧的以印支期（T_2－T_3）为主的临沧—勐海花岗岩体以及南澜沧江二叠纪—三叠纪火山岩带是在扬子基底上发育起来的与之配套的岩浆弧。昌宁—孟连带石炭纪－二叠纪洋脊/洋岛型玄武岩和蛇绿混杂岩以及早泥盆世－中三叠世深水放射虫硅质岩系是洋盆发育的典型代表，其西侧分布有被动大陆边缘半深水－深水沉积岩系。南澜沧江带二叠纪—三叠纪弧火山岩带的西侧，分布着主动大陆边缘弧前斜坡相的浊流沉积。该二带之间的临沧—勐海深成花岗岩带和元古宙岩石的后期构造，破坏了洋脊－洋岛型玄武岩、蛇绿混杂岩带与弧火山岩带之间原来毗邻的空间关系，使人们不易认识二者之间的成对性。这种成对的配制关系可向北延伸，在北澜沧江带与洋脊型玄武岩－蛇绿岩配对的岩浆弧也分布在蛇绿岩带的东侧（莫宣学，1993；邓晋福，1996）；向南出境可与黑水河蛇绿岩带相接（从柏林等，1993）。即澜沧江洋盆是古特提斯的主洋盆，这与生物区系的划分相吻合，该带是华夏生物区系的西界（方宗杰等，1990）。

1.6.2 南澜沧江带古中特提斯演化

自奥地利地质学家 E. Suss 于 1893 年提出“特提斯”（Tethys）概念至今，其内涵和外延已发生了很大的变化，但现在对特提斯仍无统一定义。黄汲清和陈炳蔚等（1987）依时代将特提斯划分为古特提斯（古生代）、中特提斯（中生代）和新特提斯（新生代）。Sengör（1980）以基墨里大陆（Cimmerian continent）为界，将特提斯一分为二，古特提斯为初始的三角形海湾，新特提斯为冈瓦纳与基墨里大陆间裂开的大洋，刘增乾等（1993）和潘桂棠等（1996）将特提斯分为原特提斯、古特提斯和（中）特提斯。作者依据澜沧江缝合带活动史、澜沧江洋盆的打开和闭合，将本区的特提斯活动史划分为三个阶段：古特提斯期、中特提斯期和新特提斯三个活动时期。

基于上述火山岩和临沧—勐海花岗岩大地构造环境分析以及构造 – 岩浆格局的确立，可以追溯南澜沧江特提斯的演化历史。古特提斯期活动期为晚古生代，昌宁—孟连带代表古特提斯主支——澜沧江洋的残迹（李达周等，1986；刘本培等，1993；从柏林等，1993；莫宣学等，1998）。早泥盆世，保山地块与思茅地块之间由于拉张作用已形成了相对封闭的深海槽，黑色笔石页岩即是该环境的产物。随着扩张作用的进行，逐渐发展成较宽阔的海洋。石炭纪 – 二叠纪是南澜沧江洋盆发育的全盛期，据玄武岩古地磁测量保山地块应处于南纬 34.1°位置（表 1 –3），并以约 2 cm/年的速度向北漂移（张正坤，1986），思茅地块和保山地块之间的纬度相差 16°，据计算（莫宣学，1993），澜沧江洋当时的宽度至少有 1000 km，该大洋的中线在石炭纪时位于南纬 20°。

表 1 –3　保山地块与兰坪—思茅地块古地磁测量结果表

地区	时代	S	D	C	P	T_1
兰坪—思茅地块	古纬度	17.8°S	17.5°S	17.5°S	18.3°S	16.1°N
保山地块			48.2°S	34.1°S		

据段嘉瑞（1991）修改。

澜沧江洋在早石炭世已经形成了扩张的洋中脊，亏损型 – 过渡型上地幔的部分熔融作用形成了洋脊/准洋脊型玄武岩，与深海含放射虫硅质岩、堆晶岩和地幔橄榄岩共生。曼信地区苦橄质夭折堆晶岩的广泛产出说明，早石炭世洋中脊扩张速度较快，新生洋壳随大洋板块运动着，当通过地幔热点时，在已形成的洋脊/准洋脊玄武岩之上叠加了起源于富集型上地幔的碱性玄武岩浆，形成了多个海山。晚石炭世 – 二叠纪，板块扩张速度减慢，所以海山火山 – 沉积序列发育得较完整。中特提斯期，至少从早二叠世开始，澜沧江洋板块在扩张的同时，向东俯冲于思茅地块之下，从而形成了南澜沧江带二叠纪低钾 – 中钾钙碱性中酸性弧火山岩。远海（洋）深水相沉积——牡音河组（P_2 – T_2）的发现及其分布的局限性（刘本培等，1993）意味着南澜沧江洋到中三叠世仍保留有残留海槽。但是，南澜沧江带下三叠统的缺失以及临沧—勐海花岗岩主体形成于中晚三叠世间，又说明保山地块与思茅地块的主体碰撞作用发生于早三叠世；碰撞作用使陆壳增厚、压力迅速增加，而滞后的增温效应使增厚陆壳部分熔融形成花岗岩和酸性火山岩的作用发生在碰撞作用的较后期，即属于后碰撞花岗岩和火山岩。接着，一方面是碰撞造山带进入明显的隆升侵蚀阶段，在前陆盆地形成磨拉石建造；另一方面，俯冲的大洋板块继续俯冲，这种陆内俯冲作用导致了晚三叠世滞后型弧火山岩的形成，此时，澜沧江洋可能已最后关闭。中生代以后的造山运动或构造运动，使临沧—勐海花岗岩体与元古宙基底一起抬升出露到地表，构造侵位于洋盆火山-沉积岩系与弧火山岩带之间，从而破坏了洋脊玄武岩-蛇绿岩带与弧火山岩带之间的毗邻关系，呈现出现在的构造-岩浆格局。构造演化图见图1-3。

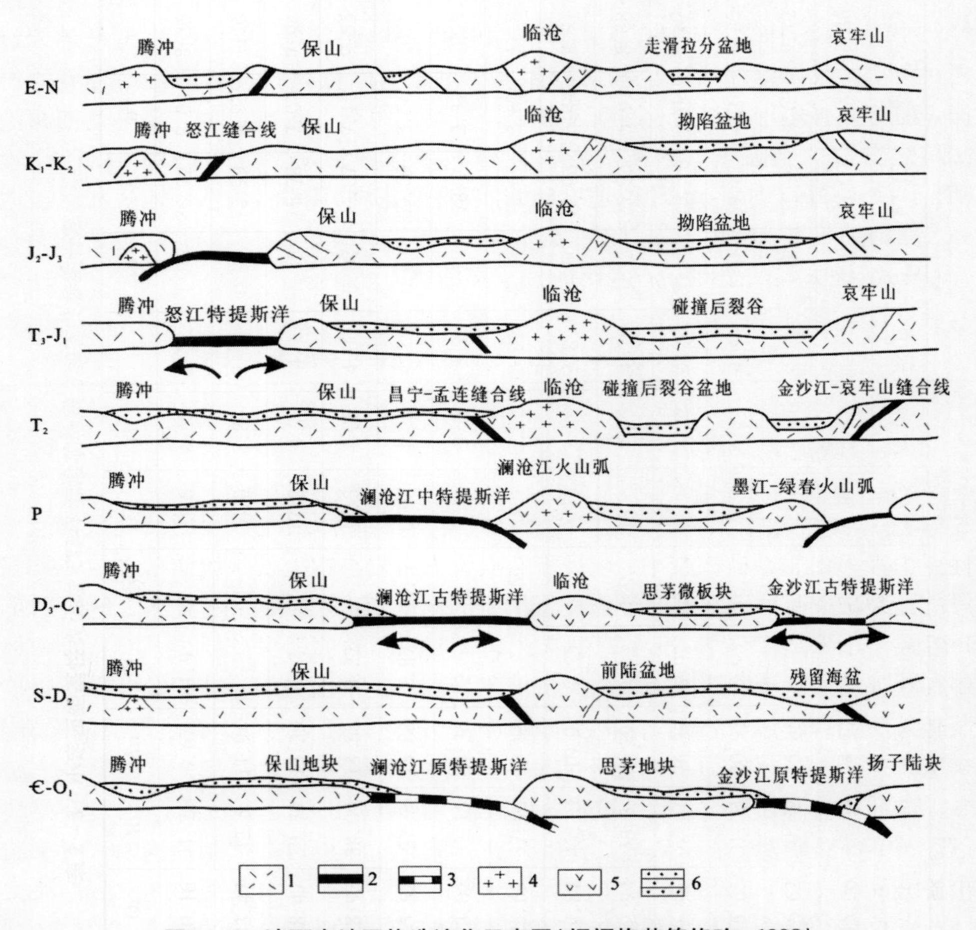

图1-3　滇西南地区构造演化示意图（据阙梅英等修改，1998）

1—陆壳；2—洋壳；3—推测洋壳；4—花岗岩；5—火山弧；6—盆地沉积物

1.7　古中特提斯构造演化与区域成矿作用

澜沧江洋在古、中特提斯均有大规模的活动，伴随着与之相关的成矿作用。澜沧江洋古特提斯期活动带由于被中新生代地层掩盖及后期构造活动所破坏，所出露的遗迹并不多，主要有西部的昌宁—孟连古特提斯火山岩带。中特提斯活动遗迹表现为澜沧江弧火山岩带。两条遗迹带具有相关的发展演化史，都具有成矿条件好的特点，但由于古大地构造位置的不同，其地层分布、岩浆活动、构造演化及成矿都具有各自的特点。

1.7.1 主要矿床类型的时空分布和特征

区域上的成矿作用贯穿于澜沧江特提斯洋形成与演化的始终，其中海西期和印支－喜山期为两个重要的成矿高峰，分别形成了具有不同矿床类型和金属组合的成矿带。

1.7.1.1 与早石炭世海底火山喷流作用有关的铜铅锌银多金属成矿带

昌宁—孟连古生代海相火山岩与铜矿化关系密切，是本区的重要含矿岩系之一，在此火山岩系中已发现铜矿床(点)30多个，规模也比较大，如澜沧老厂铜多金属矿床和云县铜厂街铜矿床均产于其中，见表1－4。

(1)澜沧老厂铅锌银矿床

云南澜沧老厂大型银铅锌铜多金属块状硫化物矿床位于滇西昌宁—孟连晚古生代火山岩带南端，有近600年的采矿历史。矿床平均品位Pb为4.25%，Zn为3.53%，Ag为$96\times10^{-6}\sim193\times10^{-6}$，Cu为0.92%，部分含Au。该矿床分布于长约1.3 km的由南东转向南北的断裂带上，主要矿体出现在下石炭统依柳组基性－中性火山岩系破碎带中，以及下石炭统火山岩与中上石炭统碳酸盐岩系相接触的断裂破碎带中。该矿床的研究程度较深，已有许多专著论文发表(叶庆同，1992；杨开辉，徐楚明，1991)。这些研究对矿床成因大多持有两种看法，即矿床中存在早石炭世火山喷流沉积成矿作用和与隐伏的喜马拉雅期酸性岩体有关的岩浆热液型铅锌铜成矿作用。两种成矿作用叠加在一起，形成这个大而富的铅锌银矿床。

矿区出露地层主要为下石炭统依柳组(C_1y)中－基性火山岩及中上石炭统(C_{2+3})－下二叠统(P_1)碳酸盐岩。C_1y火山岩厚近1000 m，可分为8层和3个火山旋回。

矿区围岩蚀变强烈，类型复杂，具多期叠加和较明显分带的特点。主要蚀变类型为碳酸盐化、铁锰碳酸盐化、青磐岩化、硅化、黄铁矿化、黄铁绢英岩化、矽卡岩化、大理岩化、角岩化、雄黄化、雌黄化、萤石化。从地表到深部，典型围岩蚀变分带为铁锰碳酸盐化→青磐岩化、硅化、黄铁矿化→黄铁绢英岩化→矽卡岩化。

早石炭世火山喷流沉积成矿作用存在的依据有：①矿体主要呈似层状、透镜状，具多层性，有时与围岩同步褶皱；②主要含矿岩系为早石炭世海相火山岩系，据研究，矿床位于古破火山口内(杨开辉，1994)；③含矿岩系中存在三位一体关系，自下而上为火山碎屑岩→硫化物似层状矿体→化学沉积岩(硅质岩、沉凝灰岩)；④块状矿体中的均一矿石由单矿种组成的矿层交替产出，亦见有不同矿物组成细层交替出现，显示层理构造，硫化物碎屑具分选性和磨圆度，有的矿石含块状硫化物矿石角砾并具塑性变形，在含硫化物的凝灰质砂岩中，硫化物呈条纹状顺层分布显马尾丝状构造；⑤矿物分带性，横向上自中心向外为块状多金属矿→雄黄、雌黄；垂向上自下为黄矿(黄铁矿、黄铜矿、黝铜矿)→黑矿(方铅矿、闪锌矿、黄铁矿)；⑥主要蚀变分带为绿泥石化、绢云母化、硅化以及黄铁矿化。

燕山期—喜马拉雅早期(中)酸性岩浆热液叠加改造成矿作用存在的依据有：①矿区深部多个钻孔中发现花岗斑岩，Rb - Sr 年龄值为 50.27 Ma，属喜马拉雅期，岩体特征参数值及年龄与西盟小马撒岩体十分近似；②矿体严格受构造控制而不是受层位或岩体控制，下石炭统火山岩中有矿，中上石炭统碳酸盐岩也有矿；③自下而上的矿物分带为磁黄铁矿、黄铜矿→黄铁矿、闪锌矿、方铅矿→方铅矿、闪锌矿、雄雌黄，相应的蚀变分带为矽卡岩化、角岩化、绢云石英岩化→青磐岩化、大理岩化→铁锰碳酸盐化；④矿石矿物以中晶粒结构为主，晶粒粗大，交代结构发育，存在多世代关系；⑤矿石硫同位素组成表明矿石硫源主要来自岩浆，而与火山喷气矿床的海水来源硫有重大差别。各种矿物的 $\delta^{34}S$ 值：黄铁矿为 −0.1‰～5.2‰；方铅矿为 −1.7‰～2.4‰；闪锌矿为 −0.6‰～3.6‰；黄铜矿 1.3‰～2.0‰。全区平均值在3‰左右范围内变化，$\delta^{34}S$ 为 0‰～5‰，表明以岩浆来源为主；⑥成矿流体中大气降水成分较多；⑦矿石组分中 Sn 的质量分数 $w(Sn)$ 高达 $120 \times 10^{-6} \sim 350 \times 10^{-6}$，而矿区基性火山岩中 Sn 的质量分数很低。因此，它可能来自深部的酸性岩体。

此外，矿区下石炭统玄武岩及中上石炭统碳酸盐岩中所含矿石的包裹体组分，铅、硫、碳同位素组分特点等，都有一定的差异，暗示可能存在两种不同性质的成矿作用。因此，目前对于老厂铅锌矿的成因，大多数人趋于两阶段叠加成矿的观点，第一分阶段发生在海西期裂谷环境下，成矿作用与基性火山喷发作用有关，形成部分块状、似层状、网脉状铅锌矿体。第二阶段发生在喜马拉雅期陆内伸展环境下，成矿作用与随西盟变质核杂岩形成的酸性岩浆热液交代作用有关，形成受剥离断层控制的铜、铅锌矿体，或叠加于前者之上，对早期成矿作用产生了不同性质的改造和富化。因此，也可以认为这个矿床是在喜马拉雅期最终形成大矿的。

(2)云县铜厂街铜锌块状硫化物矿床

矿床位于昌宁—孟连带北端，规模较小。矿区范围内早石炭世海相基性火山岩广为发育，含矿岩系为一套变质拉斑玄武岩系列的火山岩组合，地球化学特征表明为洋脊玄武岩。含矿的下石炭统平掌组分为上下两段。

含铜黄铁矿体赋存于下石炭统平掌组下段绿片岩层下部，绿片岩化基性斑状玄武岩与凝灰岩互层中所夹的凝灰岩－砂泥质岩内，该夹层稳定，矿体严格受其控制，呈似层状、顺层扁豆状及透镜状，可组合成串珠状产出。

矿石的矿物成分中原生金属矿物主要有黄铁矿、磁黄铁矿、磁铁矿、黄铜矿、少量的砷黝铜矿、方铅矿、闪锌矿、斑铜矿、毒砂及菱铁矿；氧化矿物主要为褐铁矿、少量赤铜矿、自然铜、胆矾、孔雀石及铜蓝等；脉石矿物有绿泥石、阳起石、绿帘石、钠长石、石英和方解石等。

矿石构造可分为致密块状构造、条纹条带状构造和浸染状构造三种。根据金属矿物的种类和含量分为黄铜矿－磁黄铁矿－黄铁矿、黄铜矿－黄铁矿、黄铜矿－磁黄铁矿等矿石类型。

矿床围岩蚀变主要有绿泥石化、硅化、钠长石化、碳酸盐化、黄铁矿化和高岭土化。近矿围岩蚀变有黄铁矿化、叶绿泥石化。对称分带性由矿化中心至外表现为矿石－叶绿泥石－围岩。

表1－4　澜沧老厂、铜厂街矿床特征对比表

	澜沧老厂	云县铜厂街
构造性质	裂谷洋盆(早期)	裂谷洋盆中晚期
容矿岩系	碱性玄武质火山碎屑岩系	拉斑玄武质火山碎屑岩系
矿床结构	上部为块状矿体 下部为网脉状矿体或矿化带	上部为块状矿体 下部为网脉状矿体或矿化带
矿体形态	层状、似层状、筒状	层状、似层状、透镜状
金属矿物	自上而下为雄黄、雌黄－黄铁矿、方铅矿、闪锌矿－黄铁矿、黄铜矿、斑铜矿－黄铜矿、少量毒砂、少量磁黄铁矿	自上而下：磁黄铁矿、黄铁矿、黄铜矿、磁铁矿－黄铁矿、黄铜矿、少量赤铁矿、斑铜矿、辉铜矿等
蚀变分带	上部为青磐岩化，中部为黄铁绢英岩化，下部为矽卡岩化带	上部为硅化带，包括石英、绢云母、绿泥石，下部为绿泥石化带
矿石结构构造	细粒状、粗粒状、草莓状、胶状、他形粒状结构，碎屑状、块状、角砾状、递变层理、混杂状构造	细粒状他形结构、交代结构、变晶结构，条带状、细层状、块状构造
热液终期标志	硫化物－硅质岩(层)	氧化物或硫化物硅质岩
主要成矿元素	$w(Pb) > w(Zn) > w(Cu)$	Cu(Zn)
伴生成矿元素	Ag、Au、Ga、In、Tl、Gd、Sn、Sb等	As、Co、S、Pb、Zn、Ni、Se等
硫同位素	$\delta^{34}S$：－1.7‰～＋5.2‰，平均为3‰	$\delta^{34}S$：－0.5‰～＋3.6‰，平均为－0.15‰

从上述矿床成矿特征可看出：矿化或矿体严格受一定层位控制，赋存于基性岩所夹的凝灰岩、沉凝灰岩及泥页岩中，产状与层理一致。矿石具块状、条纹条带状、稠密浸染状及稀疏浸染状等构造。原生铜矿物主要是黄铜矿，含矿层普遍发育稀疏浸染状的含铜黄铁矿，铜背景值为 140×10^{-6}，是克拉克值的2.55倍。矿床硫同位素($\delta^{34}S$)组成中，黄铁矿-磁黄铁矿组合为2.4‰~3.6‰；黄铜矿-黄铁矿组合为-0.5‰~0.4‰，平均为-0.15‰，表明矿床硫主要来自块状矿体之下的基性火山岩系，为与洋脊玄武岩有关的塞浦路斯型块状硫化物矿床。

1.7.1.2 与弧火山岩有关的铜多金属成矿带

与弧火山岩有关的铜多金属矿主要有两种类型，一种是围岩为酸性火山岩的斑岩铜矿，以民乐宋家坡铜矿为代表；另一种是围岩为基性火山岩的热液型铜多金属矿，以官房铜矿和文玉铜矿为代表。但两者均分布在南澜沧江带北段的富钾弧火山岩区，而在南段的富钠火山岩区暂时未发现任何矿床(点)。

(1)民乐宋家坡斑岩铜矿

从全球构造上看，特提斯—喜马拉雅构造成矿域为一全球性的斑岩铜矿带，民乐矿区即位于这一巨型成矿带呈近南北向沿伸的三江成矿带的南段，向北即为著名的西藏玉龙斑岩铜矿带。

宋家坡铜矿床产于侵位于中三叠统宋家坡组(T_2s)(相当于区域上的忙怀组T_2m)层状酸性火山岩中的民乐英安斑岩体中，是目前南澜沧江弧火山岩带中目前所发现的唯一的斑岩铜矿。

民乐斑岩体产于由中三叠统和侏罗系组成的背斜核部，为一紫灰色英安斑岩体，具有流纹构造和块状构造，斑状结构。斑晶由斜长石(An 10~32，10%~20%)和钾长石(3%~5%)组成，次为黑云母、角闪石；基质由霏细状长英质(75%)组成，呈霏细结构和次文象结构。

英安斑岩化学成分平均值：SiO_2为65.06%，TiO_2为0.62%，Al_2O_3为15.25%，Fe_2O_3为1.81%，FeO为2.21%，MnO为0.35%，CaO为0.24%，Na_2O为4.31%，K_2O为3.68%。据岩石化学成分CIPW标准矿物计算，石英为21.15%~24.42%，钾长石占长石类的35.50%~42.68%，斜长石占长石类的55.21%~62.30%。

斑岩体中常俘虏有火山-沉积岩角砾，角砾成分复杂，有英安岩、杏仁状玻基安山岩、安山岩、粗面岩、粗安岩、玄武岩、凝灰岩和凝灰质砂岩等各种成分的角砾。据斑岩体流纹构造发育、俘虏体常伴有定向排列以及暗色矿物如黑云母、具有暗化边等现象，可确定此侵入体应是超浅成就位的。

斑岩体的成岩年龄(Rb-Sr法)为159 Ma，相当于晚侏罗世(144~163 Ma)，为燕山早期(144~206 Ma)。Sr同位素初始比值为0.7066，具有I型花岗岩的特征。

宋家坡铜矿床的蚀变强烈而又复杂，可分为成矿期热液蚀变和成矿期后热液蚀变两大类型。成矿期蚀变可分为 3 个亚类。

①钾硅化蚀变：发育于斑岩侵入体中，蚀变使得英安斑岩体呈粉红色。钾硅化蚀变在岩体上部表现为脉状；在岩体下部表现为与铜矿化密切相关的弥漫性蚀变形式。

②泥质蚀变：见于斑岩侵入体顶部，特别是以火山岩作为斑岩侵入体的围岩时，可见分布广泛的泥化蚀变帽，厚度一般 1 ~6 m，由泥质物、绢云母片状矿物及次生石英组成，泥质蚀变带之下矿化强烈。

③青磐岩化蚀变：绿泥石化和绿帘石化常呈补丁状局限在火山岩围岩的基性岩块中，处于外接触带，通常不见矿化。

成矿期后蚀变亦可分为 3 类。

①高岭石 - 绢云母蚀变带：该蚀变带组成内带，直接现次生富集辉铜矿毯相伴，因常伴生赤铁矿而使矿石中红、白两色呈斑杂状、麻点状。

②泥化蚀变带：分布于有次生富集毯的斑岩体的上部，由伊利石、水云母、泥质物和少量高岭石组成。整个岩石为白玉色至浅灰色，可以从岩石露头和标本上见到沿孔雀石脉侧漂白的辉铜矿被驱赶到脉两侧褪色带之外的现象，常伴有大量的溶蚀空洞。显示辉铜矿为次生成因以及后期热液对斑岩体的强烈酸性淋滤，这一褪色淋滤带是下伏岩体有次生富集带的良好标志。

③绿泥石、绿帘石蚀变带呈细脉状、断层泥和淋蚀空洞结晶充填物等形式随处可见。

铜矿床的矿物组成比较简单，以辉铜矿、蓝辉铜矿、铜蓝为主，主要见于次生硫化物带；少量的黄铜矿、黄铁矿、斑铜矿、黝铜矿、方铅矿、赤铁矿常见于原生带。氧化矿物主要有孔雀石、黑铜矿、水锰辉石、赤铁矿、蓝铜矿、石膏、赤铜矿、褐铁矿、针铁矿以及黄钾铁矾等，分布广泛，但主要位于岩体的上部。金属矿物无论在氧化带、次生硫化物富集带还是在原生带皆以浸染状、不规则细脉状产出，脉宽多小于 1 cm，未见超过 5 cm 厚的脉体。脉石矿物主要为石英和斜长石，次为黑云母、角闪石和泥质物。

通过槽探、采场、坑道和钻孔揭露，可见矿床分带较明显，自上至下依次为氧化淋滤带、次生富集带和原生矿带。

①氧化淋滤带：容矿斑岩呈灰白 - 浅灰色，构成一个淋滤帽，含铜矿物以氧化铜矿化为主，但可见到一些辉铜矿残余。整个岩石破裂化，常见淋滤空洞，矿体呈面型块状分布，此带含铁矿物主要为黄钾铁钒和针铁矿。

②次生富集带：容矿岩石强烈硅化和部分高岭土化及赤铁矿化，呈现为粉红色。钻探初步显示该带在空间上为一大致呈层状或毯状的硫化物富集带。矿石矿物以辉铜矿、蓝辉铜矿为主，其次为铜蓝、孔雀石、硅孔雀石、赤铁矿、赤铜矿、

蓝铜矿等。辉铜矿以结晶片状为主，常见烟灰状辉铜矿。辉铜矿经多个矿片研究，可以观察到从原生硫化矿交代变为次生辉铜矿的整个过程。即原生带中富含黄铁矿、黄铜矿，次生变化后初始阶段是辉铜矿呈羽毛状交代黄铜矿等硫化矿物；辉铜矿进一步交代黄铜矿等原生硫化物，硫化物呈港湾状的部分交代；最后辉铜矿完全交代原生硫化物；以及更晚期的氧化作用形成辉铜矿、蓝铜矿、孔雀石共生和辉铜矿与赤铁矿共生等。

③原生矿带：现在三个钻孔揭露出西部岩体倾没于潜水面之下的原生硫化矿带，含矿岩石强烈钾硅化，主要由浸染状的黄铁矿、黄铜矿、斑铜矿、赤磁铁矿、黝铜矿、方铅矿等组成。现有勘探显示该矿带含铜品位较低，只有铜的矿化。

(2)赋存于富钾基性火山岩中的热液型铜多金属矿床

该种类型铜矿床(点)分布于南澜沧江弧火山岩带北段上三叠统小定西组富钾基性火山岩中，受南澜沧江深断裂和忙亚—勐养大断裂所夹持。区内除大片中生代火山岩外，尚有不同时代的辉长岩、闪长岩、石英斑岩、二长花岗岩和花岗岩等小岩体和岩脉出露。

在区内除官房和文玉两个小型铜矿外，铜矿点密集分布，有老祈村、忙亚大村、帮东、平掌村、冯家村、坝子街、栗树街、查家村、岩子头、丫本杨家、罗克扎、下邦东、南信河、半坡、平掌丫口、新田、大丫口、马家碑、忙牙矿点和麻粟树等18处。这些矿点所处位置由于交通不便，地质工作程度极低，经过多次现场考察和踏勘后，发现它们有着相当多的共同点，具体表现为：

①矿体赋存于小定西组火山喷发旋回顶部的紫红色气孔杏仁玄武岩、玄武质角砾岩或产状陡倾的断裂破碎带中，呈似层状、透镜状或陡倾脉状产出，矿体严格受构造和火山岩岩性控制。

②矿石矿物类型简单，主要为黄铜矿、斑铜矿、辉铜矿、方铅矿、孔雀石和铜蓝等，铜矿物中均富银，但基本上不含金。

③围岩蚀变见硅化、黄铁矿化、碳酸盐化、绿泥石化和绿帘石化等，其中硅化和黄铁矿化与成矿关系最为密切。

④在研究区的卫星遥感影像图上，一共发现有11个弧形和环形影像，互相交织在一起，组成复杂的同心环、交切环。环形影像总体上呈南北向展布，与区内主构造方向一致，局部受东西向构造控制。单个环形构造多位于南北向、东西向和北东向几组线性影像相交的部位，放射状水系明显，环的直径为3～7 km，环形影像与火山活动或隐伏岩体有关，区内已知的两处小型铜矿、18处铜矿点均在这些环形影像中，表明这些铜矿床(点)可能与其有着内在的联系。

官房铜矿与文玉铜矿相类似，且勘探程度相对较高，尤其是近两年来地质找矿工作取得了重要进展，其地质特征和成矿规律为本书的研究重点之一，将在本书第4章和第5章进行详细的阐述和深入的剖析。

1.7.1.3　与花岗岩有关锡、铅、锌多金属成矿带

与印支－燕山期花岗岩有关的锡、钨、铜、银、铌、钽、铅、锌、金成矿带受临沧—勐海花岗岩带的控制，印支－燕山早期的岩石组合为：花岗闪长岩－黑云母二长花岗岩，以贫硅、碱和富基性组分为特征；燕山晚期—喜马拉雅期岩体的岩石组合为：黑云母二长花岗岩－黑云母花岗岩－二云母花岗岩，以富硅和碱为特征。各类矿床(点)产于岩体内、外接触带中或附近，形成云英岩化花岗岩型、矽卡岩型、热液型(电气石－石英型、锡石－硫化物型、锡石－电气石－石英型)以锡为主的多金属矿床(点)，但目前所发现的矿床(点)规模均很小，地质工作程度也很低。

第2章　中晚三叠世火山岩地质地球化学特征和源区性质

2.1　富钾火山岩的分布

富钾火山岩出露在南澜沧江带的北段即景谷民乐以北，经官房、文玉和小定西，南至云县的忙怀，由中三叠统忙怀组酸性火山岩和上三叠统小定西组基性火山岩组成。富钾火山岩沿澜沧江深断裂呈条带状近南北向展布，南北长约160 km；东西宽约10～30 km，出露面积近3000 km^2，分布在东经100°15′～100°40′，北纬23°20′～24°40′的范围内，澜沧江陆缘弧云县段被包含于其中。富钾火山岩的西侧和临沧—勐海花岗岩带相接，东侧与思茅盆地的西缘相邻(图1－1)。

2.2　火山岩的形成时代

对南澜沧江带富钾火山岩的时代确定主要是依据古生物化石和地层接触关系，而缺乏同位素年代学测试结果的支持。

忙怀组在云县山头街剖面的砂质泥岩中富含瓣鳃类化石：*Myophoria (Costatoria) goldfussi mansuyi* (*Hsü*)，*Myophoria* (*Costatoria*) *Alb*，*Bakevellia sp.*，*Plicatula sp.*；腕足类化石：*Spiriferina sp.*。忙怀组的时代，据上面提到的古生物资料，忙怀组的下段属中三叠世早期无疑，并可与西欧洛林、莫尔旺、里昂黄金山、克鲁索尔和瓦朗期附近的 *Myophoria goldfussi* 对比①。经与邻区资料对比，并考虑其层位在上三叠统下部小定西组之下，云县棉花地忙怀组上段的流纹岩样品SHRIMP锆石U－Pb年龄为231.0 Ma(彭头平等，2006)，因此忙怀组上段的酸性火山岩时代应为中三叠世晚期。

小定西组在基性火山岩所夹的凝灰质砂、页岩富含瓣鳃类化石：*Pergamidia nakuensis Reed*，*P. sp.*，*Modiolus frugi* (*Healey*)，*M. cf. weiyuanensis Ku*，*M. sp.*，*Tulongella sp.*，*Costatoria sp.*；菊石：*Acrochordiceras* (?) *sp.*；叶肢介：*Euestheria xiangyunensis Chen*，*E. mupangensis Chen*；植物：*Equiselites sp.*。形成据上述化石组

---

① 云南省地质局. 1977. 区域地质调查报告(1∶20万)，景东幅(G－47－XXXV幅，地质部分)

石，小定西组基性火山岩的形成时代应属晚三叠世卡尼克 - 诺利克期。

2.3　火山岩的喷发旋回和喷发环境

无论是中三叠世忙怀组的酸性火山岩还是晚三叠世小定西组基性火山岩的喷发都表现出多期多旋回的特点。

忙怀组分为上下两段，其中上段发育有厚 2146 m(山头街剖面，图 2 - 1)的火山岩系地层，其中酸性火山岩厚 2044 m，占 95.2%，为一套高钾流纹岩及其火山碎屑岩组合，岩石类型有高钾流纹岩、流纹斑岩、流纹质角砾岩、流纹质岩屑凝灰岩、玻屑凝灰岩、凝灰岩。爆发指数为 48.7。

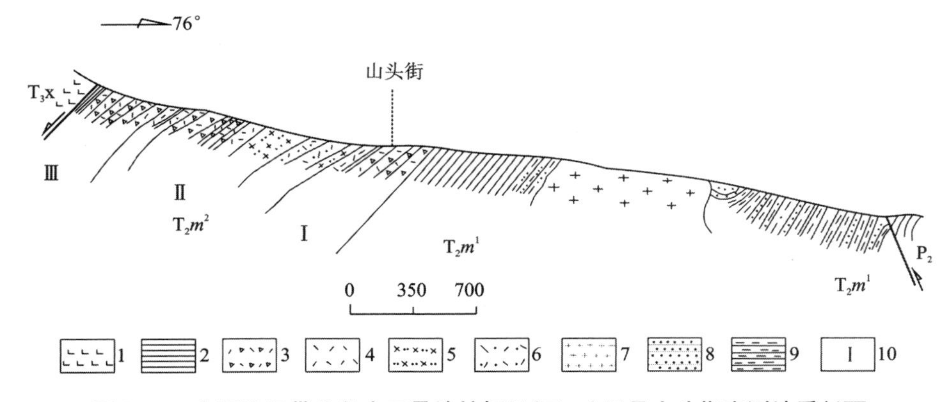

图 2 - 1　南澜沧江带北段中三叠统忙怀组(T_2m)云县山头街实测地质剖面

[据云南景东幅区域地质调查报告(地质部分)，1977]

1—小定西组玄武岩；2—泥页岩；3—流纹质角砾凝灰岩；4—流纹斑岩；5—石英斑岩；6—流纹质凝灰岩；7—黑云花岗岩；8—砂岩；9—含砂质泥岩，10—喷发旋回

从剖面上自下而上可分为三个喷发旋回。第Ⅰ旋回由角砾凝灰岩→熔岩→凝灰质页岩组成，厚272.5 m；第Ⅱ旋回由熔岩→凝灰角砾岩、角砾凝灰岩→凝灰质页岩组成，厚 814.4 m；第Ⅲ旋回由角砾凝灰岩→凝灰岩→页岩组成，厚 259.6 m。三个喷发旋回喷发强度由弱→强→弱演化，直至酸性火山活动结束。火山喷发环境主要以陆相和海陆交互相为主，火山岩相类型以爆发相为主①。

小定西组在云县官房向阳山剖面火山岩系地层厚 2190 m(未见顶)，共有五个大的喷发旋回，分为三段六个亚段，主要为一套高钾玄武岩 - 钾质粗玄岩 - 钾玄岩组合(图 2 - 2)。在每一次喷发旋回的顶部气孔杏仁构造发育，岩石为紫红

---

① 云南省地质局. 1977. 区域地质调查报告(1∶20 万)，景东幅(G - 47 - ⅩⅩⅩⅤ幅，地质部分)

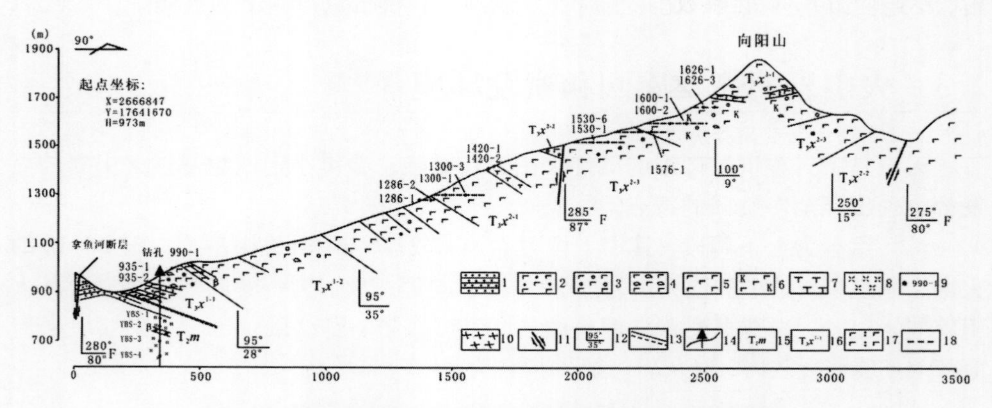

图 2-2　云县官房中上三叠统火山岩向阳山地质剖面图

1—砂岩；2—辉斑玄武岩；3—气孔玄武岩；4—杏仁玄武岩；5—青灰色块状玄武岩；6—钾玄岩；7—粗玄岩；8—流纹岩、流纹质角砾岩；9—采样位置及样号；10—辉绿岩；11—断层；12—岩层产状；13—平行不整合面；14—钻孔；15—中三叠统忙怀组；16—上三叠统小定西组第一段第一亚段；17—玄武质凝灰岩；18—坑道工程

色或砖红色，到中下部则过渡为青灰色致密块状。岩石类型较复杂，主要有钾玄岩、辉斑玄武岩、钾质粗玄岩、玄武质岩屑凝灰岩、玄武质角砾凝灰岩和少量安山玄武质集块岩、角砾岩。在小定西组第一段中可见较多的辉绿岩脉，顺层或切层产出；在第二段老毛村火山岩中夹一层厚约 4 m 产状平缓的硅质岩，局部可见沉集块岩。从整体看，火山岩未见枕状构造，而在每一次喷发旋回的顶部气孔杏仁构造发育，呈现“红顶绿底”的现象，表明喷发环境从还原向氧化演化，主要为陆相及海陆交互相。火山岩相类型以喷溢相为主。

从总体上中三叠世忙怀组上段巨厚的酸性火山岩和晚三叠世小定西组巨厚的基性火山岩构成两个大的喷发旋回。

2.4　火山岩的氧化条件分析

铁对周围介质中的氧反映最灵敏，由于氧化条件不同，形成 FeO 或 Fe_2O_3的含量不同，二者的比值也必然不同。这种比值据 B. M. 哥尔德斯密等研究，认为他与岩石形成深度、水气压力、原始含水量、基性程度、硫的状态、分异作用和结晶顺序等因素有关。

在小定西组每一次喷发旋回的玄武质熔岩中，顶部呈现紫红色或砖红色，气孔杏仁构造发育，中下部则过渡为青灰色，基本上为致密块状构造。顶部火山熔岩的紫红色和玄武质凝灰岩的砖红色明显与铁氧化成的极细的赤铁矿（Fe_2O_3）有关。火山熔岩除底板外，氧化系数[$w(Fe_2O_3)/w(FeO)$]从顶部向下显著变小(表 2－1)。

表 2－1　研究区火山岩氧化系数表

岩石名称	玄武质凝灰岩	钾玄岩	粗玄岩	辉斑玄武岩	流纹岩
颜色	砖红色	紫红色	青灰色	青灰色	灰白色
构造	块状	杏仁	块状	块状	块状
位置	旋回顶部	旋回顶部	旋回中部	旋回中部	旋回顶部
$w(Fe_2O_3)/\%$	8.27	5.49	3.61	3.46	1.34
$w(FeO)/\%$	1.38	3.68	4.22	5.56	1.58
氧化系数(F)	5.99	1.49	0.86	0.62	0.848
备注	3 个样平均	6 个样平均	2 个样平均	8 个样平均	3 个样平均

2.5　火山岩的分类及命名

忙怀组上段酸性火山岩和小定西组基性火山岩样品取自云县与景东交界处的官房地区的向阳山中晚三叠世火山岩地质地球化学剖面(图 2－3)，全部为坑道或钻孔内新鲜无蚀变岩石。根据火山岩中主要和特征造岩矿物组合、含量，采用 LeMaitre(1989)的全碱－硅(TAS)化学成分分类图解进行分类命名(图 2－4)。在 TAS 分类图上，小定西组火山岩成分点大部分落在 S_2 区，主要为高钾玄武岩－钾质粗玄岩－钾玄岩组合，忙怀组酸性火山岩则全部落在流纹岩区。

2.6　主要岩石类型岩相学特征

2.6.1　钾玄岩

在岩相上具斑状结构，块状构造，在每一次火山喷发旋回的顶部气孔或杏仁构造(图版Ⅰ－7)发育，基质为间粒间隐结构(图版Ⅱ－4)和粗玄结构。斑晶主要为斜长石、普通辉石和橄榄石。橄榄石含量为 3%～4%，呈半自形－自形颗粒状和碎斑状，裂隙发育，伊丁石化及蒙脱石－绿泥石化强烈(图版Ⅱ－6)；斜长石斑晶呈半自形板状，An 为 40～53，未见环带，约占样品含量 14%～20%；普通辉石斑晶呈粒柱状，约占样品含量 2%。基质由斜长石(50%～56%)、辉石(5%～8%)和玻璃质(10%～15%)组成。

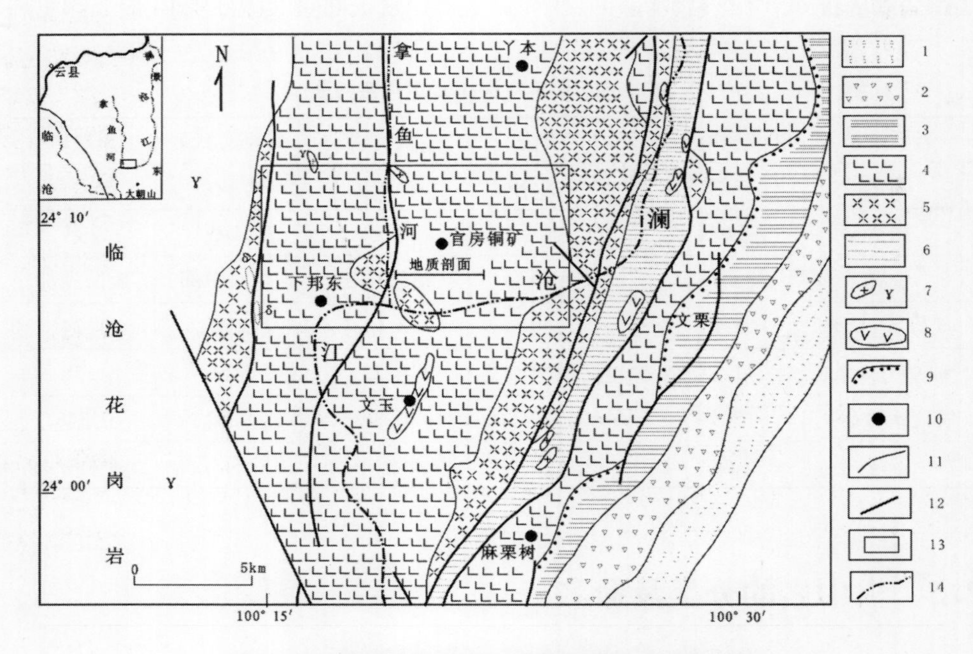

图 2-3　南澜沧江带官房地区火山岩分布地质略图

［据 1∶20 万云县-景谷幅改编］

1—白垩系南星组；2—白垩系景星组；3—侏罗系和平乡组；4—三叠系上统小定西组；5—三叠系中统忙怀组；6—二叠系上统；7—花岗岩岩体；8—闪长岩岩体；9—不整合接触界线；10—铜矿床(点)；11—地质界线；12—断层；13—研究区；14—河流

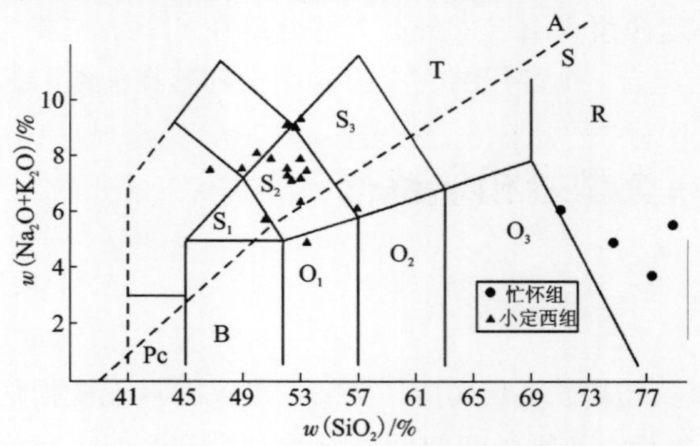

图 2-4　中晚三叠世火山岩 TAS 图解

（据 Le Maitre et al., 1989）

A—碱性系列；S—亚碱性系列；B—玄武岩；O_1—玄武安山岩；

O_2—安山岩；O_3—英安岩；R—流纹岩；S_1—钾质粗面岩；

S_2—钾玄岩；S_3—安粗岩；T—粗面岩

2.6.2　玄武质凝灰岩

常呈鲜艳的砖红色，具凝灰结构(图版Ⅲ－2)，块状构造。由形态各异(镰刀状、弯月状、鸡骨状等)粒度在2.00～0.05 mm 的粗火山灰级和粒度小于0.05 mm 细火山灰级塑变岩屑(玄武质浆屑)、玻屑、火山灰团及晶屑(主要为长石晶屑)以不同比例组成，硅化和黏土化发育。

2.6.3　流纹岩

忙怀组流纹质火山岩具斑状结构，流纹构造，局部具块状构造；基质为玻基交织结构，局部具霏细结构(图版Ⅱ－5)。斑晶有长石和石英，长石斑晶占样品含量30%左右，钾长石(主)、斜长石(次)均见，环带不发育，石英斑晶占样品含量10%左右，二者均为半自形粒状且具熔蚀现象(图版Ⅲ－1)。基质由斜长石(40%～45%)、显微粒状石英(10%～16%)、微量黑云母、磁铁矿、锆石等组成，碎裂岩化强烈，细脉状硅化发育。

2.7　火山岩地球化学特征

2.7.1　主量元素特征

中晚三叠世小定西组和忙怀组火山岩的岩石化学分析结果见表2－2。将归一后重新计算的有关数据投入TAS分类图解(图2－4)和 K_2O-SiO_2 图中(图2－5)，可以看出，该地区火山岩类化学成分主要集中于基性和酸性这两个成分区域，缺少中性成分，类似于“双峰式”火山岩的 Daly 间断(SiO_2 含量集中分布在两个区间，其间存在一定的成分间断)，但其在时间上以基性岩形成晚于酸性岩为特征而有别于经典的“双峰式”火山岩(王焰等，2000)。

小定西组基性火山岩基本上处在 Irvine 分界线的上方，大部分样品落在高钾玄武岩、钾玄岩区，为高钾钙碱性－钾玄岩系列。15个岩石样品化学含量平均值为 SiO_2 52.38%、TiO_2 1.23%、Al_2O_3 16.36%、Fe_2O_3 4.89%、FeO 3.93%、MnO 0.24%、MgO 4.86%、CaO 4.29%、Na_2O 4.73%、K_2O 2.68%、P_2O_5 0.44%，大多数样品 $Na_2O < K_2O$，具有富钾特征。里特曼指数 σ 在2.23和9.24之间(平均为6.27)。化学成分与火山弧玄武岩中的钾玄岩相似，与大陆裂谷拉斑玄武岩化学成分比较(含量平均值 TiO_2 2.23%、CaO 9.7%、Al_2O_3 14.3%、MgO 5.9%)，则 TiO_2、CaO、MgO 含量偏低，Al_2O_3 含量偏高；与大洋中脊拉斑玄武岩(含量平均值 TiO_2 1.44%、Al_2O_3 16.0%、CaO 11.2%、Na_2O 2.75%、K_2O 0.14%)(Condie，1996)比较，二者化学成分较近似，但 K_2O 含量偏高，CaO 含量偏低，具有高

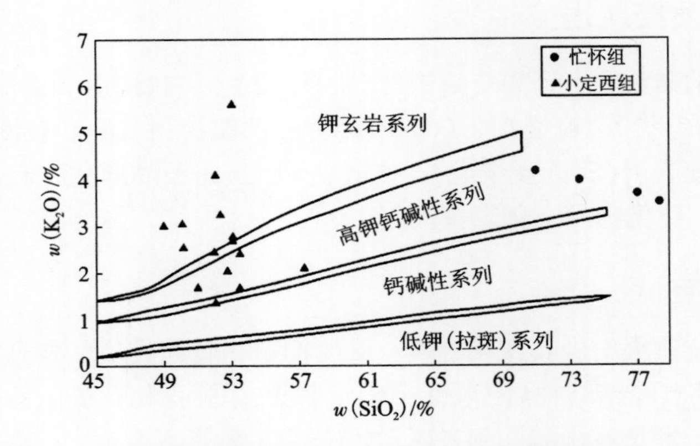

图 2－5　中晚三叠世火山岩 K_2O-SiO_2 图解

（据 Rickwood，1989）

图中 3 条框线代表各岩石系列之间的（过渡）分界线

Three casing lines represent the transitional boundary between every rock series

K_2O，中等 TiO_2、Al_2O_3 等特征。

忙怀组流纹质火山岩的化学成分 SiO_2 含量为 71.35%～79.07%（平均为 75.49%）；Al_2O_3 含量为 10.9%～14.8%（平均为 11.92%），小于埃达克岩 15% 的下限值；CaO 含量为 0.2%～1.83%（平均为 0.93%）；Na_2O 含量为 0.12%～2.02%（平均为 1.21%），明显小于埃达克的下限值 3.5%；K_2O 含量为 3.66%～4.26%（平均为 3.88%）；TiO_2 平均含量为 0.136%；A/CNK[$w(Al_2O_3)/w(CaO+Na_2O+K_2O)$（摩尔比）] >1.1（平均为 1.53）；里特曼组合指数（σ）小于 3.3（平均为 0.84）。以上岩石化学特征表明忙怀组火山岩具有高硅、高钾、低钛、中等 Al_2O_3、$w(CaO)<1\%$、ALK<8%（平均为 5.78%），但 $w(K_2O)>w(Na_2O)$ 之特征，属于弱碱质流纹岩中的钾质流纹岩，为钙碱性系列。

2.7.2　火山岩标准矿物特征

火山岩有关化学参数及计算的 CIPW 标准矿物分别列于表 2－3 和表 2－4。

表2-2 云县官房中晚三叠纪火山岩化学成分

$w_B/\%$

样号	岩性	SiO_2	Al_2O_3	Fe_2O_3	FeO	CaO	MgO	K_2O	Na_2O	TiO_2	P_2O_5	MnO	灼失	CO_2	总计	ALK	A/CNK	*[Mg]
YBS-1	流纹岩	74.69	10.90	0.842	1.78	1.83	0.756	4.09	0.820	0.136	0.044	0.064	1.77	2.25	99.97	4.91	1.19	
YBS-2	流纹斑岩	79.07	10.62	1.06	0.854	0.204	0.340	3.49	2.02	0.127	0.040	0.027	1.76	0.37	99.98	5.51	1.46	
YBS-3	流纹岩	71.35	14.80	1.34	1.58	0.660	0.701	4.26	1.87	0.160	0.040	0.032	3.28	1.06	101.1	6.13	1.65	
YBS-4	流纹岩	76.83	11.36	0.734	1.40	1.01	0.493	3.66	0.122	0.119	0.041	0.054	3.50	1.56	100.9	3.782	1.83	
935-1	玄武质凝灰岩	52.39	16.64	8.27	1.38	2.92	4.60	3.30	5.86	1.29	0.441	0.181	2.26	0.221	99.75	9.16		0.48
935-2	辉斑玄武岩	52.99	16.60	5.62	2.57	2.84	4.93	5.46	3.93	1.09	0.395	0.293	2.80	0.267	99.79	9.39		0.54
1286-1	钾质粗玄岩	48.99	16.95	4.18	5.19	3.28	6.15	2.96	4.48	1.57	0.550	0.501	4.00	0.209	99.01	7.44		0.55
1286-2	钾质粗玄岩	50.47	16.33	5.49	3.68	3.26	6.43	3.06	4.96	1.19	0.406	0.510	3.5	0.883	100.2	8.02		0.57
1300-1	辉斑玄武岩	50.63	16.99	3.46	5.56	6.16	5.55	2.52	3.14	1.32	0.359	0.300	3.50	0.720	100.2	5.66		0.53
1300-3	安粗岩	57.33	17.20	2.46	4.48	5.76	3.46	2.16	3.72	0.996	0.243	0.108	2.20	0.098	100.2	5.88		0.48
1420-1	钾质粗玄岩	52.01	16.93	3.61	4.22	2.47	6.36	4.14	4.19	1.08	0.293	0.199	4.34	0.790	100.6	8.33		0.60
1420-2	钾质粗玄岩	52.11	16.23	5.40	2.70	4.21	3.96	2.37	6.02	1.03	0.290	0.151	3.44	2.95	100.9	8.39		0.48
1530-1	辉斑玄武岩	52.66	16.53	6.08	3.14	2.40	5.13	2.06	6.02	1.30	0.464	0.111	3.57	0.348	99.81	8.08		0.52
1530-6	辉斑玄武岩	52.07	15.29	0.525	8.04	2.30	4.99	1.19	5.98	1.24	0.476	0.144	4.34	0.325	96.91	7.17		0.51
1576-1	钾玄岩	53.45	16.48	4.97	4.15	7.34	4.45	1.58	3.25	1.34	0.554	0.150	2.65	0.052	100.4	4.83		0.48
1600-1	钾玄岩	52.93	16.27	6.36	3.26	6.24	4.27	2.58	3.65	1.28	0.536	0.320	2.38	0.186	100.3	6.23		0.46
1600-2	钾玄岩	53.07	16.35	5.62	3.78	3.79	4.71	2.71	4.50	1.30	0.541	0.257	2.84	0.058	99.53	7.21		0.49
1626-1	钾玄岩	53.35	16.05	4.65	4.14	4.92	4.42	2.50	4.97	1.25	0.540	0.210	2.94	0.441	100.4	7.47		0.49
1626-3	玄武质凝灰岩	51.31	14.58	6.60	2.65	6.46	3.45	1.55	6.25	1.13	0.474	0.200	3.88	1.70	100.2	7.8		0.42

注：测试单位为国土资源部宜昌地质矿产研究所，应用熔片法在日产理学3080E1型波长色散X射线荧光光谱仪上测定，分析精度(RSD%)小于0.9。

*[Mg] = $Mg/Mg+Fe^{2+}$

ALK = Na_2O+K_2O

表 2-3 小定西组基性火山岩 CIPW 标准矿物成分和有关参数计算结果

$w_B/\%$

样号	Q	C	Or	Ab	An	Di	Hy	Ol	Mt	Il	Ap	DI	σ	τ	SI	AR
935-1			20.16	41.71	9.67	1.9		13.6	4.18	2.53	1.06	76.72	8.03	8.36	20.1	2.76
935-2		0.01	33.47	32.5	11.94			14.0	3.89	2.15	0.95	78.99	7.93	11.6	22.2	2.87
1286-1		1.83	18.47	39.79	13.39			17.2	4.7	4.7	1.35	71.78	7.07	7.94	26.9	2.16
1286-2			18.93	38.09	13.88	0.22		18.3	4.08	4.08	0.98	74.07	7.16	9.55	27.6	2.39
1300-1			15.52	27.7	25.88	2.87	19.3	0.98	4.26	4.26	0.87	69.09	3.56	10.5	27.5	1.65
1300-3	9.35		13.04	32.15	24.36	2.6	12.3		3.7	3.7	0.57	78.9	2.32	13.5	21.3	1.69
1420-1		1.85	25.65	37.16	10.84		4.59	13.1	3.92	3.92	0.71	73.65	6.62	11.8	28.4	2.5
1420-2			14.87	45.73	10.9	7.55		9.73	3.89	3.89	0.71	76.03	6.44	9.91	19.6	2.39
1530-1		1.2	12.74	53.3	9.29		1.93	13.6	4.25	4.25	1.12	75.33	5.91	8.08	23.2	2.49
1576-1	6.23		9.58	28.21	26.37	5.92	15.5		4.22	4.22	1.32	70.39	2.08	9.87	24.5	1.51
1600-1	1.47		15.66	31.73	20.95	5.95	16.3		4.14	4.14	1.28	69.81	3.6	9.86	21.6	1.77
1600-2		0.43	16.62	39.52	15.85		17.9	1.56	4.21	4.21	1.3	71.99	4.63	9.12	22.4	2.12
1626-1			15.26	43.44	14.57	5.7	6.63	6.54	4.12	4.12	1.29	73.27	4.92	8.86	21.6	2.11
1626-3			9.72	43.46	7.59	19.1		5.83	4.05	4.05	1.17	67.62	5.99	7.37	17.2	2.18

表2-4 流纹岩CIPW标准矿物成分计算结果 $w_B/\%$

样号	Q	C	Or	Ab	An	Hy	Mt	Il	Ap	DI	σ	τ	SI	AR
YBS-1	50.25	1.98	25.19	7.23	9.16	4.53	1.27	0.27	0.11	91.8	0.75	74.1	9.12	2.26
YBS-2	53.98	3.32	21.08	17.47	0.77	1.57	1.48	0.25	0.09	93.3	0.84	67.7	4.38	3.07
YBS-3	42.46	6.21	26.01	16.35	3.11	3.45	2.01	0.31	0.1	87.9	1.31	80.8	7.19	2.31
YBS-4	61.03	5.7	22.57	1.08	4.95	3.23	1.11	0.24	0.1	89.6	0.42	94.4	7.69	1.88

小定西组火山岩CIPW标准矿物组合主要为Ol、Or、Ab、An、Hy、Di，少量为Q、Or、Ab、An、Hy、Di组合，大部分属于SiO_2低度不饱和岩石类型，少量属于SiO_2过饱和的岩石类型。

忙怀组酸性火山岩CIPW标准矿物组合主要为Q、Or、Ab、An、C和Hy，属于SiO_2过饱和的正常岩石类型。

2.7.3 火山岩稀土元素特征

稀土元素分析结果和相关参数见表2-5。小定西组基性火山岩所有样品具有比较一致的REE含量和配分型式，$\sum w$(REE)为(142.0～205.5)$\times10^{-6}$(平均为171.83$\times10^{-6}$)，δEu为0.85～1.09(平均为0.97)，w(LREE)/w(HREE)为3.06～4.56(平均为3.63)，$(La/Yb)_N$为6.93～11.52(平均为8.71)，$(La/Sm)_N$为2.94～4.57(平均为3.74)，$(Gd/Yb)_N$为1.09～1.30(平均为1.16)。稀土元素配分型式为轻度富集轻稀土的缓右倾斜-平坦型，无Eu或弱的负Eu异常(图2-6)。

忙怀组流纹质火山岩稀土元素的特征为：$\sum w$(REE)为(230.7～336.6)$\times10^{-6}$，平均为276.85$\times10^{-6}$，w(LREE)/w(HREE)为1.52～2.95(平均为2.08)，δEu为0.12～0.36(平均为0.19)，δCe为0.72～0.82，$(La/Yb)_N$为2.71～8.03(平均为4.81)，$(La/Sm)_N$为3.16～4.81，$(Gd/Yb)_N$为0.53～0.84(平均为0.67)。重稀土元素Yb和Y的平均含量分别为6.27$\times10^{-6}$和54.1$\times10^{-6}$，高于埃达克岩的上限值1.9$\times10^{-6}$和18$\times10^{-6}$(Defant and Drummond, 1990)。稀土元素配分模式为轻稀土富集型的右倾斜型，具明显的Eu负异常，与S型花岗岩的稀土元素配分模式图相似(图2-6)。

表 2-5　云县官房火山岩稀土元素和微量元素分析结果及有关比值

$w_B/10^{-6}$

样号	YBS-1	YBS-2	YBS-3	YBS-4	935-1	935-2	1286-1	1286-2	1300-1	1300-3	1420-1	1420-2	1530-1	1530-6	1576-1	1600-1	1600-2	1626-1	1626-3
La	72.8	39.9	35.8	53.5	29.5	34.4	32.1	26.3	32.6	29.5	32.6	36.8	30.6	33.7	38.6	42.3	37.4	37.9	43.7
Ce	106	61.8	65.3	91.8	49.8	55.3	49.9	42.9	50.3	48.0	47.6	56.2	59.8	59.5	67.8	61.6	60.0	57.3	63.3
Pr	12.8	8.19	8.39	10.8	6.17	6.37	6.68	6.09	5.82	5.26	6.62	6.88	7.83	7.18	8.34	8.50	8.73	6.76	7.24
Nd	48.3	26.1	31.2	34.8	25.2	26.1	30.1	25.6	28.8	21.6	25.8	27.3	31.4	33.7	33.2	35.5	31.3	32.9	30.4
Sm	10.6	7.72	7.93	9.89	5.88	6.27	6.62	5.63	6.31	5.05	5.50	5.63	7.29	6.82	7.76	7.73	7.75	6.77	6.69
Eu	1.00	0.29	0.35	0.33	1.48	1.50	1.64	1.64	1.56	1.33	1.51	1.40	1.73	1.96	1.76	1.88	1.93	1.90	1.71
Gd	8.11	7.15	7.49	8.04	4.41	4.52	5.34	4.47	4.90	3.93	4.14	4.10	5.68	5.66	6.02	5.71	5.66	5.25	4.91
Tb	1.41	1.36	1.38	1.48	0.65	0.68	0.86	0.68	0.80	0.62	0.67	0.68	0.88	0.91	0.94	0.91	0.91	0.79	0.79
Dy	9.45	10.2	11.0	10.9	4.24	4.34	5.47	4.40	4.72	3.59	4.14	3.92	5.02	5.48	5.34	5.88	5.50	5.27	4.63
Ho	1.87	2.16	2.53	2.32	0.82	0.85	1.01	0.76	0.86	0.59	0.74	0.71	1.0	0.99	1.09	1.06	0.99	0.94	0.92
Er	5.44	6.53	7.63	6.84	2.21	2.35	2.84	2.24	2.37	1.81	2.12	1.95	2.66	2.80	3.11	3.10	2.99	2.90	2.52
Tm	0.79	1.00	1.16	1.04	0.34	0.36	0.39	0.33	0.36	0.26	0.32	0.28	0.41	0.40	0.48	0.48	0.41	0.41	0.37
Yb	5.14	6.21	7.48	6.23	2.01	2.11	2.49	2.15	2.20	1.60	1.84	1.81	2.50	2.50	2.83	2.79	2.76	2.43	2.23
Lu	0.61	0.70	0.89	0.76	0.28	0.29	0.35	0.31	0.29	0.20	0.27	0.26	0.34	0.36	0.39	0.37	0.35	0.36	0.30
Y	52.3	51.4	58.6	54.2	17.1	18.4	18.5	18.5	17.2	15.1	14.6	15.7	25.2	26.5	27.8	24.5	28.5	23.9	18.3
ΣREE	336.6	230.7	247.1	292.9	150.1	163.8	164.3	142.0	159.1	138.4	148.5	163.6	182.3	188.5	205.5	202.3	195.2	185.8	188.0
LREE/HREE	2.95	1.66	1.52	2.19	3.68	3.83	3.41	3.20	3.72	4.00	4.15	4.56	3.17	3.13	3.28	3.52	3.06	3.40	4.38
δEu	0.36	0.13	0.15	0.12	0.96	0.92	0.92	1.09	0.93	0.99	1.04	0.95	0.89	1.06	0.85	0.93	0.96	1.06	0.98

续表 2-5

样号	YBS-1	YBS-2	YBS-3	YBS-4	935-1	935-2	1286-1	1286-2	1300-1	1300-3	1420-1	1420-2	1530-1	1530-6	1576-1	1600-1	1600-2	1626-1	1626-3
δCe	0.72	0.73	0.82	0.81	0.79	0.78	0.73	0.74	0.76	0.80	0.69	0.74	0.85	0.82	0.81	0.69	0.72	0.75	0.73
$(La/Yb)_N$	8.03	3.64	2.71	4.87	8.32	9.24	7.31	6.93	8.40	10.45	10.04	11.52	6.94	7.64	7.73	8.59	7.68	8.84	11.10
$(La/Sm)_N$	4.81	3.62	3.16	3.79	3.51	3.84	3.39	3.27	3.62	4.09	4.15	4.58	2.94	3.46	3.48	3.83	3.38	3.92	4.57
$(Gd/Yb)_N$	0.84	0.61	0.53	0.69	1.17	1.14	1.14	1.10	1.18	1.30	1.20	1.20	1.21	1.20	1.13	1.09	1.09	1.15	1.17
Cr	8.90	3.70	3.80	1.50	68.7	57.5	88.7	118	112	29.2	81.3	95.6	98.9	102	94.8	87.9	107	107	106
Co	2.50	<1	<1	4.10	23.5	22.9	22.1	26.3	26.6	18.9	27.3	24.5	24.9	29.7	24.8	26.0	21.6	22.6	20.1
Rb	177	150	272	165	82.4	166	75.1	61.4	117	68.9	174	25.2	43.8	23.8	37.9	91.9	84.7	95.4	31.3
Sr	34.9	33.7	43.3	57.7	439	263	380	277	506	507	366	167	301	170	456	513	409	360	219
Ba	461	390	190	94.4	1180	1110	1290	913	528	359	812	303	308	158	358	580	536	379	192
V	6.48	4.24	3.10	4.16	180	155	194	189	201	154	183	203	261	163	201	192	181	208	105
Nb	23.3	37.2	46.1	36.2	14.0	13.7	17.9	15.2	12.9	9.12	10.3	9.76	11.4	13.1	15.3	14.4	15.3	14.3	13.4
Ta	0.74	2.61	3.47	2.97	0.84	0.60	1.60	1.22	<0.5	<0.5	<0.5	0.89	<0.5	0.80	0.74	1.47	0.45	0.3	0.62
Zr	149	299	385	281	143	171	183	177	162	139	142	114	153	146	200	186	191	200	190
Hf	5.97	11.4	14.1	10.9	4.46	4.54	5.75	5.23	4.72	4.08	4.39	3.37	4.11	4.65	5.30	5.25	4.95	5.35	5.66
U	2.43	3.87	4.00	3.48	0.98	0.98	1.25	1.25	1.12	0.98	0.98	0.98	0.98	1.12	1.32	0.98	0.98	0.98	0.98
Th	22.40	23.00	30.80	22.50	7.37	8.4	5.68	5.45	4.1	4.48	6.67	3.6	5.79	12.1	6.52	4.84	11.6	8.46	8.23
Zr/Nb	6.39	8.04	8.35	7.76	10.21	12.48	10.22	11.64	12.56	15.24	13.79	11.68	13.42	11.15	13.07	12.92	12.48	13.99	14.18
Zr/Y	2.85	5.82	6.57	5.18	8.36	9.29	9.89	9.57	9.42	9.21	9.73	7.26	6.07	5.51	7.19	7.59	6.70	8.37	10.38
Nb/La	0.32	0.93	1.29	0.68	0.47	0.40	0.56	0.58	0.40	0.31	0.32	0.27	0.37	0.39	0.40	0.34	0.41	0.38	0.31
Nb*	0.28	0.62	0.69	0.53	0.27	0.17	0.36	0.32	0.29	0.23	0.16	0.21	0.29	0.43	0.41	0.28	0.31	0.30	0.34

注：样品由湖水宜昌地质矿产研究所分析，稀土元素由 ICP-AES 检测。岩性同表 2-2。

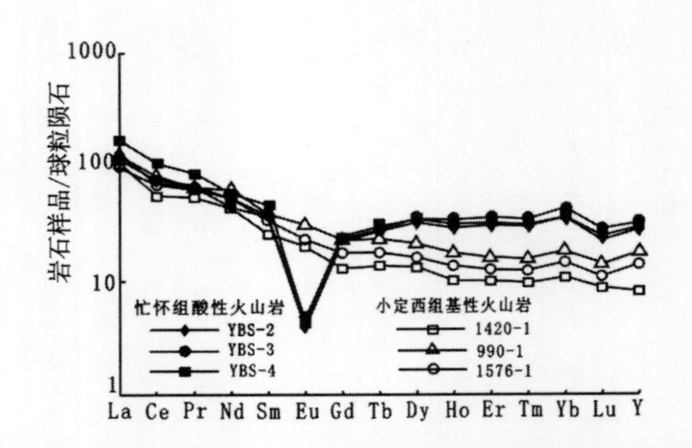

图 2-6 中晚三叠世火山岩稀土元素球粒陨石标准化配分模式图

[球粒陨石数据据 Boynton(1984)]

2.7.4 火山岩微量元素特征

小定西组基性火山岩的不相容元素 K、Rb、Hf、Nb 等及 $w(Ba)/w(Rb)$、$w(Ba)/w(Sr)$比值与陆缘弧非常接近，仅 Sr、Ba 略低，Zr 略高(Pearce，1982)。微量元素配分分布模式为 K、Rb、Ba、Th 强烈富集，Ta、Ce、P、Zr、Hf、Sm 中等程度富集，而 Ti、Y、Yb、Cr 则明显亏损，呈 Rb、Ba、Th 隆起的右倾斜形式，具有弧火山岩的特征(图 2-7)。Ta 平均丰度值小于 1×10^{-6}，Nb 平均丰度值为 13.34×10^{-6}，Sr 的平均丰度值为 355.5×10^{-6}，Cr 的平均丰度值为 90.3×10^{-6}，均远小于板内碱性玄武岩的丰度值(板内碱性玄武岩 Ta、Nb、Sr、Cr 的丰度值分别为 5.9×10^{-6}、84×10^{-6}、842×10^{-6}、536×10^{-6})(Pearce，1982)。特征参数 Nb^* 值

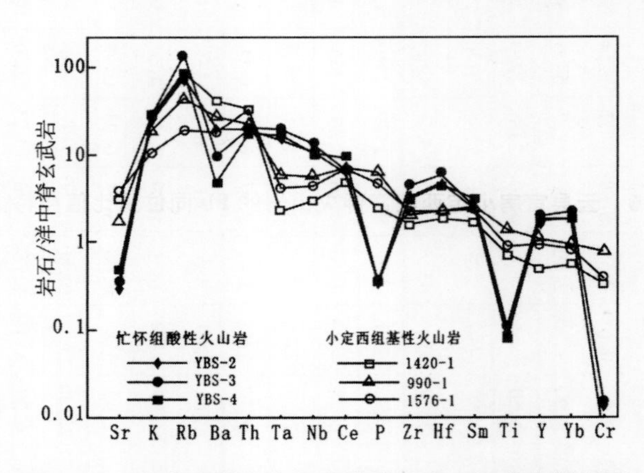

图 2-7 中晚三叠世火山岩微量元素 标准化蛛网图

[洋脊玄武岩数据据 Pearce (1984)]

$[2Nb_N/(K_N+La_N)]$为0.16~0.43，$w(Zr)/w(Nb)$为10.21~15.24，$w(Zr)/w(Y)$为5.51~10.38，$w(Nb)/w(La)$为0.27~0.58，均小于1，表明玄武岩受到了硅铝质地壳物质的混染(Wilson，1989)。

忙怀组流纹质酸性火山岩微量元素配分分布模式以 K、Rb、Ba、Th 强烈富集，Ta、Ce、Zr、Hf、Sm 中等程度富集，而 Ti、P 则明显亏损为特征(图 2-7)。$w(Zr)/w(Nb)$为6.39~8.35，$w(Zr)/w(Y)$为2.85~6.57，$w(Nb)/w(La)$值平均为0.8，小于 1，特征参数 Nb^*值$[2Nb_N/(K_N+La_N)]$为 0.28~0.69，Sr^*值$[2Sr_N/(Ce_N+Nd_N)]$为0.03~0.07，Ti^*值$[2Ti_N/(Sm_N+Tb_N)]$为0.03~0.05，均小于1；Zr^*值$[2Zr_N/(Sm_N+Tb_N)]$为1.36~2.19，

Hf^*值$[2Hf_N/(Sm_N+Tb_N)]$为1.05~2.98，K^*值$[2K_N/(Ta_N+La_N)]$为1.56~2.14，均大于1，表明酸性岩浆来源于地壳重熔(Wilson，1989)。

2.7.5 火山岩同位素特征

云县官房火山岩样品的 Pb、Sr 和 Nd 同位素比值均为宜昌地质矿产研究所同位素室测定。$\varepsilon(Sr)$值计算使用的 CHUR 标准值为 0.7045；$\varepsilon(Nd)$计算使用的 CHUR 标准值为0.512638；Pb 全流程空白值为$2.0\times10^{-8}\sim4.5\times10^{-8}$g。

2.7.5.1 小定西组基性岩的 Pb 同位素特征

小定西组基性火山岩的 Pb 同位素分析结果见表2-6，其中$n(^{206}Pb)/n(^{204}Pb)$值为18.428~18.466，$n(^{207}Pb)/n(^{204}Pb)$为15.673~15.688，$n(^{208}Pb)/n(^{204}Pb)$为38.129~38.314，$w(Th)/w(U)$值为3.82~3.86。在$n(^{207}Pb)/n(^{204}Pb)$-$n(^{206}Pb)/n(^{204}Pb)$变异图中，各投点均位于 NHRL 线左侧(图 2-8)。表 2-6 中基性火山岩的μ值为9.60~9.63，变化范围较小，该比值不同于地球形成早期地幔铅同位素μ值为7.91 的单阶段演化趋势，这证实小定西组基性火山岩中铅同位素经历了两个阶段演化，由此说明，在地球铅同位素演化后又有放射性元素 U 和 Th 的富集事件发生。

表 2-6　云县官房小定西组富钾火山岩的 Pb 同位素比值和特征参数

样号	同位素组成			特征参数		
	$n(^{206}Pb)/n(^{204}Pb)$	$n(^{207}Pb)/n(^{204}Pb)$	$n(^{208}Pb)/n(^{204}Pb)$	表面年龄/Ma	μ值	$w(Th)/w(U)$
XT-1	18.466	15.688	38.314	235	9.63	3.86
P13	18.428	15.673	38.218	246	9.61	3.82
P26	18.446	15.669	38.129	226	9.60	3.82

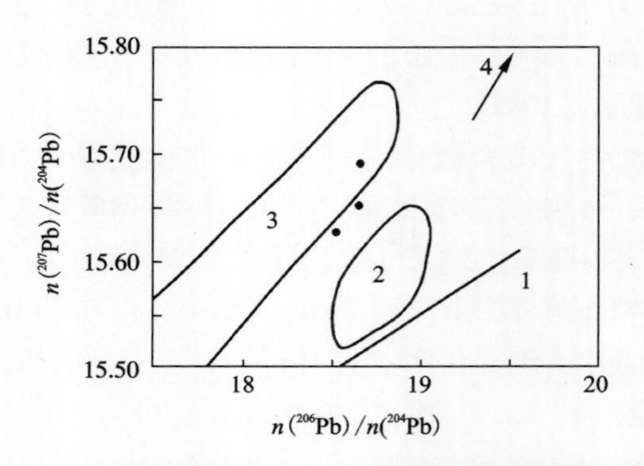

图 2-8　小定西组基性火山岩铅同位素比值及源区示踪

（据 Norman 等，1989）

1—北半球大洋玄武岩铅同位素成分回归线（NHRL）；2—软流圈地幔＋消减组分；3—在陆下岩石圈地幔；4—富集 Th、U 的地壳

2.7.5.2　火山岩的 Sr 和 Nd 同位素特征

火山岩的 Sr 和 Nd 同位素分析结果见表 2-7 和表 2-8。小定西组基性火山岩的 $n(^{87}Sr)/n(^{86}Sr)$ 值为 0.70401～0.71056，平均为 0.708；忙怀组酸性火山岩的 $n(^{87}Sr)/n(^{86}Sr)$ 值为 0.7359～0.81232，平均为 0.755，其中样品 YBS-2 可能受矿化蚀变的影响，数值与其他样品偏差较大。

表 2-7　云县官房三叠纪富钾火山岩铷-锶同位素分析结果　$w_B/10^{-6}$

序号	样号	岩性	Rb	Sr	$n(^{87}Rb)/n(^{86}Sr)$	$n(^{87}Sr)/n(^{86}Sr)$	2σ
1	Rb01	钾玄岩	61.32	268.8	0.6578	0.70888	0.00012
2	Rb02	钾玄岩	171.6	376.1	1.316	0.71056	0.00005
3	Rb03	钾玄岩	73.7	164.6	1.291	0.70979	0.00005
4	Rb04	粗玄岩	36.54	464.9	0.2266	0.70401	0.00009
5	Rb05	粗玄岩	91.11	523.5	0.5018	0.70745	0.00006
6	Rb06	辉斑玄武岩	85.22	405.6	0.6059	0.70828	0.00002
7	Rb07	辉斑玄武岩	29.53	236.8	0.3596	0.70701	0.00002
8	YBS-2	流纹岩	270.1	43.43	18.11	0.81232	0.00006
9	YBS-3	流纹岩	143.5	31.98	12.98	0.74034	0.00002
10	YBS-7	流纹岩	177.5	42.62	12.04	0.73590	0.00003
11	YBS-9	流纹斑岩	177.9	38.78	13.27	0.74123	0.00008
12	YBS-5	流纹斑岩	190.1	38.17	14.41	0.74669	0.00004

表2-8 云县官房三叠纪富钾火山岩Nd同位素组成

序号	样号	岩性	$w(Nd)/10^{-6}$	$n(^{143}Nd)/n(^{144}Nd)$	2σ	$\varepsilon Nd(t)$	$\varepsilon(Nd)$
1	Rb01	钾玄岩	29.29	0.512535	0.000007	0.2	-2.01
2	Rb02	钾玄岩	26.19	0.512520	0.000005	0.1	-2.30
3	Rb03	钾玄岩	27.87	0.512511	0.000006	0.1	-2.48
4	Rb04	粗玄岩	35.89	0.512576	0.000006	1.0	-1.21
5	Rb05	粗玄岩	35.21	0.512569	0.000006	0.9	-1.35
6	Rb06	辉斑玄武岩	35.11	0.512573	0.000005	0.9	-1.27
7	Rb07	辉斑玄武岩	35.01	0.512523	0.000007	0.2	-2.24
8	YBS-2	流纹岩	31.60	0.512512	0.000006	-0.8	-2.46
9	YBS-3	流纹岩	29.16	0.512553	0.000006	-0.1	-1.66
10	YBS-7	流纹岩	51.22	0.512458	0.000006	-1.0	-3.51
11	YBS-9	流纹斑岩	40.64	0.512472	0.000006	-0.7	-3.24
12	YBS-5	流纹斑岩	51.05	0.512452	0.000006	-0.9	-3.63

在同位素地球化学研究中，$\varepsilon(Sr)$和$\varepsilon(Nd)$是两个常用的判别岩石成因的参数。

$\varepsilon(Sr)$是火山岩的Sr同位素比值与标准样品的该比值的偏差。$\varepsilon(Sr)$值越大表明样品的初始比值越大，偏离标准样品的初始值越明显。选择玄武质无球粒陨石的Sr同位素与初始比值作为标准样品的Sr同位素初始值(0.698990 ± 0.000047)，这一参数具有标准化的意义(邓万明，1998)。利用下列公式计算：

$$\varepsilon(Sr) = \{[n(^{87}Sr)/n(^{86}Sr)]_{样品} - [n(^{87}Sr)/n(^{86}Sr)]_{标准}\} \times 10^4/[n(^{87}Sr)/n(^{86}Sr)]_{标准}$$

云县官房火山岩$\varepsilon(Sr)$的计算结果见表2-9，小定西组基性火山岩的$\varepsilon(Sr)$值为71.82~165.52，平均为128.86，较大陆溢流玄武岩的$\varepsilon(Sr)$值(<80)高，被认为通常出现在再循环的地壳或被交代的地幔岩石中(Kyser, 1986)；忙怀组酸性火山岩的$\varepsilon(Sr)$值为591.57~1621.34，平均为805.53。从中三叠世忙怀组酸性火山岩到晚三叠世的小定西组基性火山岩，$\varepsilon(Sr)$呈明显递增的趋势。

参数$\varepsilon(Nd)$也具有标准化的意义(邓万明，1998)，其计算公式表示为：

$$\varepsilon(Nd) = \{[n(^{143}Nd)/n(^{144}Nd)]_{样品} - [n(^{143}Nd)/n(^{144}Nd)]_{CHUR}\} \times 10^4/[n(^{143}Nd)/n(^{144}Nd)]_{CHUR}$$

$\varepsilon(Nd)$代表了样品中Nd的初始值对球粒陨石均一同位素储集层(chondrite uniform reservior)的偏差，地球的Nd同位素的均一储集是用Juvinas无球粒陨石来代表的，其$n(^{143}Nd)/n(^{144}Nd)$比值为0.512638(Jacobsen et al., 1979)。

云县官房小定西组富钾基性火山岩具有相对较低的 Nd 同位素比值，$n(^{143}Nd)/n(^{144}Nd)$比值为0.512511～0.512573，平均值为0.512544，小于未分异球粒陨石地幔值0.512638，并且ε(Nd)均为负值，介于-2.48和-1.21之间；将分析结果换算为εNd(t)，结果为0.1～1.0，平均为0.4。忙怀组酸性火山岩的$n(^{143}Nd)/n(^{144}Nd)$比值为0.512512～0.512553，平均值为0.512489，ε(Nd)也均为负值，为-3.63～-1.66；将分析结果换算为εNd(t)，结果为-1.0～-0.1，平均值为-0.7，显示成岩作用以陆壳物质参与为主。从中三叠世忙怀组酸性火山岩到晚三叠世的小定西组基性火山岩，ε(Nd)的变化不如ε(Sr)明显。

表2-9　云县官房三叠纪火山岩锶同位素特征参数计算结果

序号	样号	岩性	$n(^{87}Sr)/n(^{86}Sr)$	εSr(t)	ε(Sr)
1	Rb01	钾玄岩	0.70888	36.8	141.49
2	Rb02	钾玄岩	0.71056	31.5	165.52
3	Rb03	钾玄岩	0.70979	21.7	154.51
4	Rb04	粗玄岩	0.70401	-13.3	71.82
5	Rb05	粗玄岩	0.70745	23.4	121.03
6	Rb06	辉斑玄武岩	0.70828	30.5	132.91
7	Rb07	辉斑玄武岩	0.70701	23.4	114.74
8	YBS-2	流纹岩	0.81232	690.0	1621.34
9	YBS-3	流纹岩	0.74034	-92.8	591.57
10	YBS-7	流纹岩	0.73590	-112.0	528.05
11	YBS-9	流纹斑岩	0.74123	-93.7	604.30
12	YBS-5	流纹斑岩	0.74669	-69.3	682.41

2.8　火山岩形成的构造环境

汇聚板块边缘的火山喷发产物从基性到酸性均有，形成一种非常特征的由低钾拉斑系列-钙碱系列-高钾钙碱系列-橄榄粗玄岩或钾玄岩系列四种主要岩浆系列组成的岩石组合。这四种岩浆系列与海沟的距离由近而远，火山作用从早期至晚期、火山岩带从年轻变为成熟而递进演变(夏林圻，2002)。研究区中三叠世忙怀组酸性火山岩与晚三叠世小定西组基性火山岩岩石组合就属于四种岩浆系列中的后两种，即高钾钙碱性系列-橄榄粗玄岩或钾玄岩系列。从岩石组合上看，研究区火山岩具备汇聚板块边缘火山岩的特征并形成于靠近大陆一侧。

将研究区小定西组基性火山岩的岩石化学成分换算后分别投入到 $w(TiO_2)$－$w(P_2O_5)$和 $w(V)-w(Ti)$判别图解中(图 2－10)，投点均落入岛弧火山岩区；基性火山岩的微量元素在判别板内与非板内玄武岩的 $w(Ti)-w(Zr)$图解中(图 2－11)，明显集中于弧火山岩区；在判别岛弧与非岛弧火山的 $w(Th)/w(Yb)-w(Ta)/w(Yb)$图解(图 2－11)中，玄武岩落在火山弧玄武岩中的高钾钙碱性玄武岩和钾玄岩区。在图 2－9 的 $w(Th)/w(Yb)-w(Ta)/w(Yb)$变异图解中，这些玄武质火山岩的成分点集中于富集地幔区域，其变化趋势与图中活动大陆边缘钙碱性－钾玄岩系列玄武质火山岩(C－S 矢量)的成分变化是一致的，表明源区为富集地幔并有一定的地壳混染。

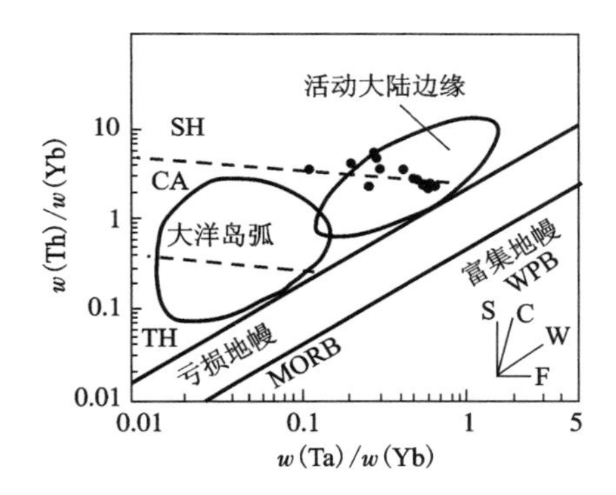

图 2－9　小定西组玄武质火山岩的 $w(Th)/w(Yb)-w(Ta)/w(Yb)$变异图

(据 Wilson, 1989)

虚线划分了拉斑玄武质(TH)、钙碱性(CA)和钾玄质(SH)区域；右下边矢量分别代表消减组分(S)、地壳混染(C)、板内富集(W)和分离结晶(F)的影响

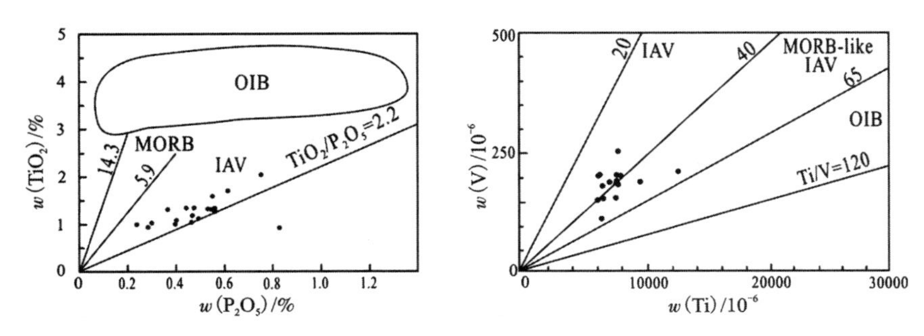

图 2－10　小定西组火山岩 $w(TiO_2)-w(P_2O_5)$和 $w(V)-w(Ti)$判别图解

(据 N. W. Rogers, 1992)

MORB—洋脊玄武岩；OIB—洋岛玄武岩；IAV—岛弧玄武岩

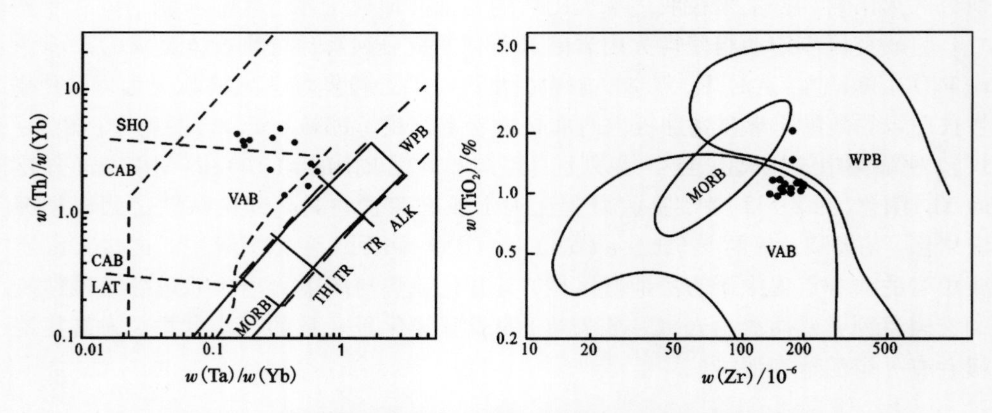

图 2－11　小定西组火山岩 w(Th)/w(Yb)－w(Ta)/w(Yb)和 $w(TiO_2)$－w(Zr)构造环境环境判别图解

（据 Pearce，1982）

VAB—火山弧玄武岩；MORB—洋中脊玄武岩；WPB—板内玄武岩；LAT—低钾拉斑玄武岩；CAB—钙碱性玄武岩；SHO—钾玄岩

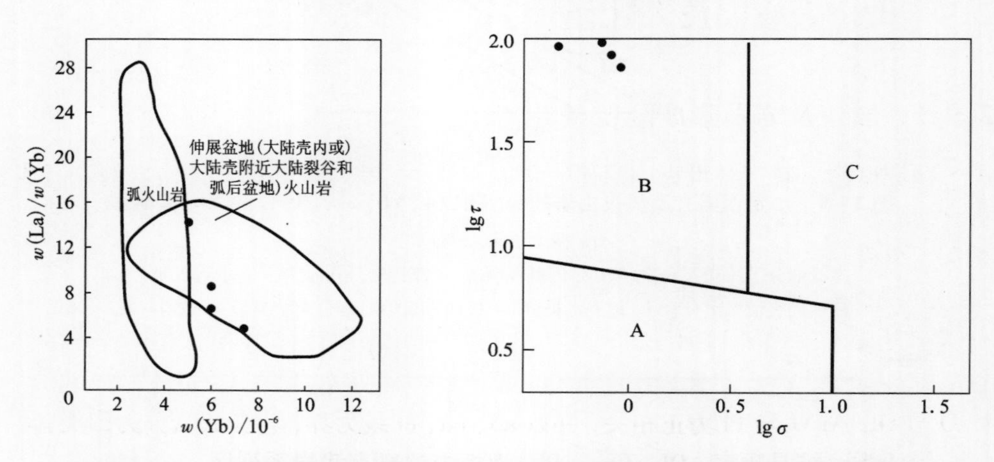

图 2－12　忙怀组酸性火山岩 w(La)/w(Yb)－w(Yb)和 lgτ－lgσ 判别图解

（据 Pearce，1983；Rittmann，1973）

A—板内火山岩；B—消减带火山岩；C—A 和 B 区派生的碱性火山岩

大量的火山岩常量和微量元素构造环境判别图解表明：研究区小定西组基性火山岩为活动大陆边缘的弧火山岩。

研究区中三叠统忙怀组流纹岩投入到适合酸性岩的 lgτ－lgσ 图（图 2－12）$\{\sigma=[w(K_2O)+w(Na_2O)]^2/[w(SiO_2)-43]$，$\tau=[w(Al_2O_3)-w(Na_2O)]/w(TiO_2)\}$中，落入消减带火山岩中；投入到 w(Yb)－w(La)/w(Yb)图

(图 2 - 12)中，则落入到伸展盆地火山岩。

消减带流体的参与使得火山岩浆富含挥发组分，因而汇聚板块边缘的火山作用常具高爆发性(夏林圻，2002)。活动大陆边缘的岩浆弧发育于陆壳之上，火山岩往往以钙碱性和碱性为主，与岛弧火山岩系相比，钙碱性酸性岩浆(英安质、流纹质)喷发物更加丰富，且多数以火山碎屑流的形式产出，其中至少有一部分是通过大陆壳的部分熔融产生。很明显，研究区中三叠世忙怀组酸性火山岩以钙碱性为主，流纹质火山碎屑岩占 44.1%(按剖面厚度计算)，因此忙怀组酸性火山岩亦具有活动大陆边缘弧的特征。但是，岩石化学和地球化学特征不是确定火山岩大地构造环境或构造 - 岩浆类型的唯一依据，还应综合分析火山岩组合、共生沉积岩和沉积相等特征。忙怀组酸性火山岩中夹多层含动植物化石厚度不大的泥页岩、凝灰质砂岩和硅质岩，小定西组沿澜沧江深断裂呈带状展布，局部夹有含动植物化石的凝灰质砂页岩、沉集块岩和硅质岩，再结合火山岩的常量、微量元素特征，研究区的中 - 晚三叠世火山岩可以厘定为活动大陆边缘弧构造环境，是澜沧江洋板块向东俯冲消减的产物。

2.9　火山岩成因及源区性质

2.9.1　岩浆及岩石形成温压条件

研究区中 - 晚三叠世火山岩研究程度较低，尤其是关于这套火山岩的岩石成因、物质来源和源区性质。利用岩石学和岩石化学等方法，计算岩浆及岩石形成的温压条件，估算岩浆起源深度，可为探讨火山岩成因提供重要的岩石学证据。

2.9.1.1　岩浆及岩石形成的温度条件

按 French 等(1981)研究：玄武岩中 MgO、Al_2O_3与橄榄石(Ol)、斜长石(Pl)结晶温度有关，也与玄武岩中矿物结晶顺序和构造环境有关，由图 2 - 13 可知，MgO 与 Ol，Al_2O_3与 Pl 为正相关，并以 ab、cd、ef 线为界，将玄武岩分为四类：

第Ⅰ类　结晶顺序：Ol→Cpx→Pl，为板内拉斑玄武岩系列区。

第Ⅱ类　结晶顺序：Ol→Pl→Cpx，为板内碱性玄武岩系列区。

第Ⅲ类　结晶顺序：Pl→Ol→Cpx，为岛弧、活动陆缘的造山带高铝玄武岩系列区。

第Ⅳ类　结晶顺序：Pl→Cpx→Ol，此类岩石少见，仅与岛弧等地高铝玄武岩演化有关。

将本区小定西组火山岩样点投到图 2 - 13 中可知：玄武岩为第Ⅲ类，结晶顺序为 Pl→Ol→Cpx，t_{Ol}为 1100 ~ 1160℃；t_{Pl}为 1150 ~ 1200℃。由于橄榄石、斜长石等基性端元组分是岩石中较早结晶的产物，因此得出的温度应高于基性岩的成岩温度而与岩浆源区温度接近或略低，这表明小定西组基性火山岩形成的温度约为1100～1200℃。

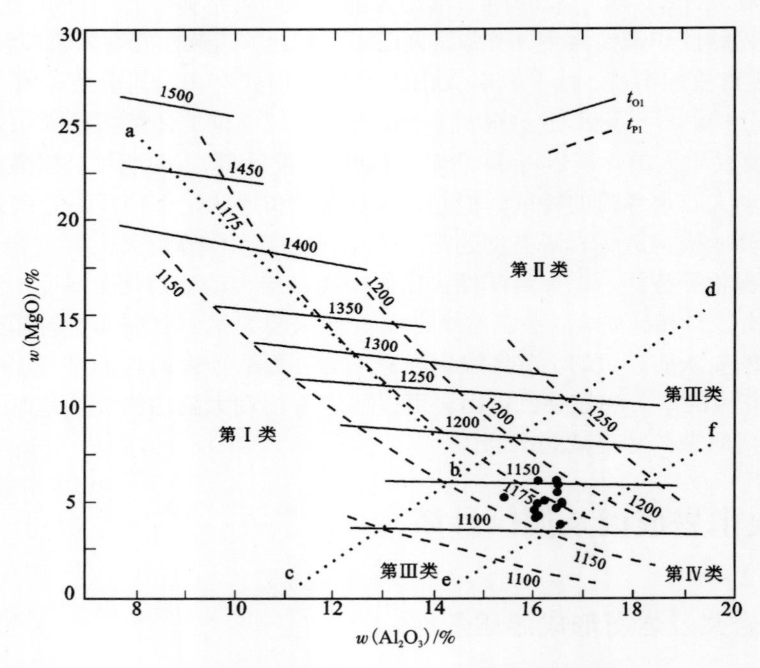

图2－13 $w(MgO)-w(Al_2O_3)$与t_{Ol}、t_{Pl}关系图

（据W.J.French，1981）

2.9.1.2 **岩浆起源压力的估算**

目前，准确计算岩浆起源深度和压力难度较大，本文采用Irvine(1971)的实验相图法，对小定西组基性火山岩的起源压力进行估算(图2－14)。

其中，Q′＝Q＋2/5Ab＋1/4Hy；Ne′＝Ne＋3/5Ab；Ol′＝Ol＋3/4Hy

根据CIPW标准矿物成分计算结果，利用实验相图法，对基性岩样品进行分析和投点，结果表明，岩浆形成压力约为1.8～2.4 GPa，大致相当于59.4～79.2 km，相当于上地幔。

2.9.2 火山岩物质来源

Frey等(1978)认为，玄武质岩石的*[Mg]在0.65～0.75范围时代表了原生岩浆的成分。根据表2－2可知，小定西组基性火山岩的*[Mg]值为0.42～0.60，较原生岩浆要低，表明该岩浆属演化的岩浆。在微量元素比值蛛网图中存在Nb的负异常，且Nb*特征值远小于1，高的$w(La)/w(Yb)$比值及低的重稀土元素丰

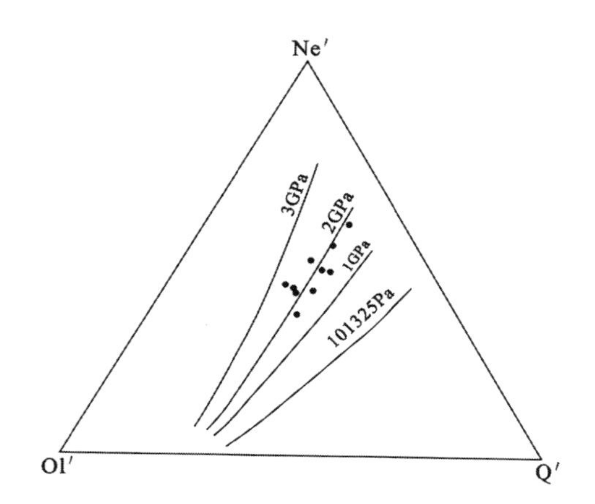

图2-14　小定西组基性火山岩 Ne′-Ol′-Q′体系投影图

（据 Irvine，1971）

度，说明玄武质火山岩的形成经历了地壳物质的同化混染（Wilson，1989）。Brown 等（1984）认为产于消减带来自壳源的火山岩含较高的 Rb、Ba、K、La、Ce、Sm 和 Tb，而贫 Ta、Nb 和 Ti；产于消减带来自幔源的火山岩由于消减作用则选择性富集 Th 而非 Ta，因此 $w(\mathrm{Th}) > w(\mathrm{Ta})$ 表明有消减洋壳及流体的加入。区内小定西组玄武质火山岩的 $w(\mathrm{Th}) \gg w(\mathrm{Ta})$，表明有消减带物质的加入。

Sr 同位素的初始比值可反应火山岩的源区特征。一般认为，小于0.706比值的火山物质来源于地幔；0.706～0.710比值的物质来源于下地壳；大于0.710比值的物质来源于上地壳。来源于上地幔的，现今未被混染的大洋脊和大洋岛屿的火山岩的 $n(^{87}\mathrm{Sr})/n(^{86}\mathrm{Sr})$ 值分别为0.7028和0.7039（Faure，1977）。

从 Nd 同位素特征来看，近代火山岩的 $\varepsilon(\mathrm{Nd})$ 值因构造位置不同而有所不同，现今上地幔 $\varepsilon(\mathrm{Nd}) = 12$，而大陆地壳的平均值约为 -15（Depaolo，1980）；源自上地幔而未受到地壳物质混染的岩浆，其 $\varepsilon(\mathrm{Nd}) \geqslant 0$，若 $\varepsilon(\mathrm{Nd}) < 0$，无疑与地壳物质的加入有关。

小定西组富钾基性火山岩的 $n(^{87}\mathrm{Sr})/n(^{86}\mathrm{Sr})$ 值比值为0.70401～0.71066，平均为0.708，明显高于均一储集库（uniform reservior）的 $[n(^{87}\mathrm{Sr})/n(^{86}\mathrm{Sr})]_{\mathrm{UR}}$ 现代值0.7045（Depaolo et al.，1980）；并且 $\varepsilon(\mathrm{Nd})$ 均为负值，介于 -2.48 和 -1.21 之间；$n(^{143}\mathrm{Nd})/n(^{144}\mathrm{Nd})$ 值低，比值为0.512511～0.512573，平均值为0.512544，也小于未分异的球粒陨石地幔值0.512638，显然这已超出了习惯上认为的正常地幔性质。小定西组富钾基性火山岩的微量元素特征及 Sr、Nd 同位素特点限制了其源区具有壳-幔物质混合的地幔性质。

忙怀组酸性火山岩的 $n(^{87}\mathrm{Sr})/n(^{86}\mathrm{Sr})$ 值为0.7359～0.81232，平均为0.755，

远大于0.710，表明其岩浆来源以壳源为主；铝饱和指数 A/CNK > 1.1（平均为1.53）、富轻稀土元素 w(LREE)/w(HREE) = 1.52 ~ 2.95、具强的 Eu 负异常（δEu = 0.12 ~ 0.36）以及高含量的 Rb、Ba、K、La、Ce、Sm 和 Tb 及低含量的 Ta、Nb 和 Ti 和亲铁元素 Co、Ni、Cr、V 等特征表明酸性火山岩主要为陆壳物质的重熔产物（李昌年，1992）。从特征参数 Nb*、Sr* 和 Ti* 均小于1；Zr*、Hf* 和 K* 均大于 1 的特点也可以得出相同结论（Wilson，1989）。

忙怀组酸性火山岩的的 ε(Nd) 也均为负值，介于 −3.63 和 −1.66 之间；将分析结果换算为 εNd(t)，结果为 −1.0 ~ 0.1，平均值为 −0.7，远大于大陆地壳的平均值 −15，显示成岩作用以陆壳物质参与为主的同时，还有消减带物质的混染。

2.9.3 火山岩源区性质

Hart（1984）根据岩石的不同同位素组成特征，鉴别出四种地幔端元类型：即亏损型地幔（DMM）、富集型 Ⅰ 地幔（EMⅠ）、富集 Ⅱ 型地幔（EMⅡ）和异常高 $n(^{238}U)/n(^{204}Pb)$ 型地幔（HIMU）。其中 DMM 为 MORB 的源区（亏损型），具有较低的 $n(^{87}Sr)/n(^{86}Sr)$ 和 Pb 同位素组成及高的 $n(^{143}Nd)/n(^{144}Nd)$ 值；EMⅠ的最显著特点是在四种地幔类型中最接近于全球的同位素组成，其特点是具有较低的 $n(^{206}Pb)/n(^{204}Pb)$ 与 $n(^{143}Nd)/n(^{144}Nd)$ 值，通常认为是下地幔经过地幔对流与流体交代形成的；EMⅡ被普遍认为是俯冲和再循环的大陆物质与地幔岩发生混合作用的产物，具有高的 $n(^{87}Sr)/n(^{86}Sr)$ 值、高 Pb 同位素比值和低 $n(^{143}Nd)/n(^{144}Nd)$ 值的特点；HIMU 可能代表古老的变质洋壳，具有高 Pb 同位素组成、低 $n(^{87}Sr)/n(^{86}Sr)$ 值和中等的 $n(^{143}Nd)/n(^{144}Nd)$ 值。大多数玄武岩的同位素组成可以用这四种地幔端元的混合模式来解释。

云县官房小定西组富钾基性火山岩的 Sr、Nd 同位素组成均分布于地幔主趋势线的右侧并远离地幔主趋势线，低于地球总成分，处在典型的 EMⅡ范围之内（图 2 − 15），与 EMⅡ型富集地幔源的趋势一致，而明显不同于 EMⅠ型地幔，且远离于亏损型和异常高 $n(^{238}U)/n(^{204}Pb)$ 型地幔区。其源区属于富集大离子亲石元素和轻稀土元素的一种壳 − 幔物质的混合地幔。

在小定西组富钾基性火山岩 ε(Sr) − ε(Nd) 变异图（图 2 − 16）中，岩石样点都落在玄武岩和壳源混合区（$B + C_3$），并在大洋沉积物的延长线上，表明基性火山岩主要来源于地幔，但受到地壳物质的混染，并有大洋沉积物的加入，这与该区火山岩起源于陆缘弧的构造背景相一致。

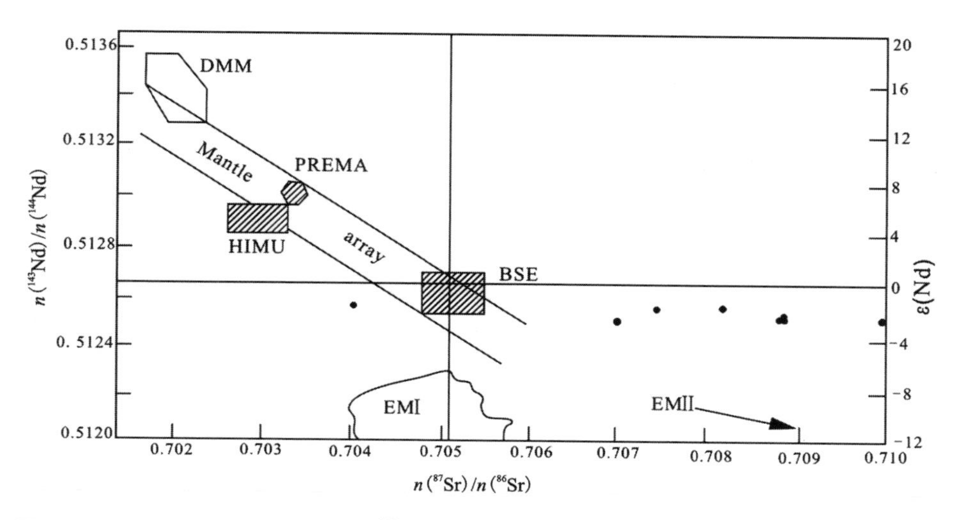

图2-15 小定西组基性火山岩 $n(^{143}Nd)/n(^{144}Nd)-n(^{87}Sr)/n(^{86}Sr)$ 同位素成分投影图

（据 Zindler et al, 1986）

DMM—亏损型地幔；EMⅠ—富集Ⅰ型地幔；EMⅡ—富集Ⅱ型地幔；

HIMU—异常高 $n(^{238}U)/n(^{204}Pb)$ 型地幔；BSE—地球总成分；PREMA—“普通地幔”

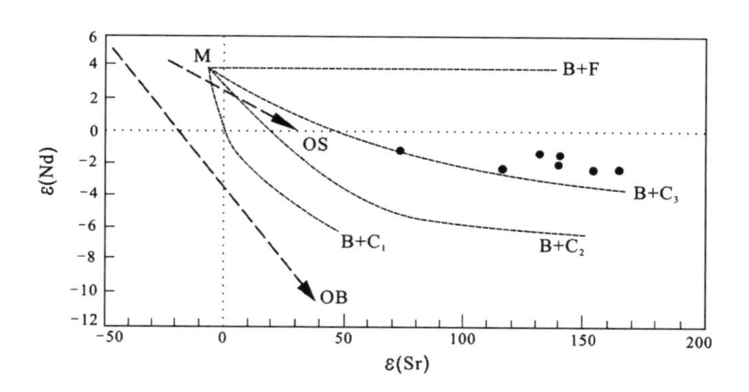

图2-16 小定西组富钾基性火山岩 $\varepsilon(Sr)-\varepsilon(Nd)$ 变异图

（据 Eindler et al. , 1986；Neumann et al. , 1988；李昌年，1992）

M—亏损的地幔源；B—玄武岩源区；C_1—亏损的下地壳；C_2—亏损的中地壳；

C_3—上地壳；F—上地壳中的流体；OS—大洋沉积物；OB—大洋玄武岩

2.9.4 富钾火山岩的岩石成因

富钾火山岩的最主要岩石组合类型均可归属到钾玄岩系（shoshonite series），

此外，这类岩石也包括部分中基性的高钾钙碱质火山岩和含白榴石的超钾质火山岩（Foley，1992；Muller，2000）。Morrison（1980）对钾玄质火山岩的岩石学和地球化学特征进行了较为系统的总结。

对富钾火山岩的成因认识主要是基于较详细的元素同位素综合示踪研究提出的。众多的研究资料表明：富钾火山岩常具有较高的 ε(Sr) 值、较低的 ε(Nd) 值，以及富含 LILE 和 LREE，贫 HFSE 的特点，表明它们具有类似于地壳岩石的地球化学特征。但这类岩石偏低的 SiO_2 含量，高的 *[Mg] 指数和高的 Cr、Ni 等过渡族元素含量，特别是部分地区的富钾火山岩中含有幔源捕虏体或幔源捕虏晶等特征，又清楚地显示出它们应起源于地幔。为此，对这类具双重特征岩石成因的研究成为最具争议的话题，先后提出过多种不同的假说，如地壳混染说（Turib，1976；Taylor，1979）、富集地幔的部分熔融说（Beccalural，1991；Nelson，1992；Alici，1992；Muller，2001；Gregoire，2001）等。目前普遍接受的观点是富钾火山岩不可能由正常的地幔橄榄岩通过部分熔融作用产生，在这类岩石的成岩过程中必须有地壳物质的参与。

富钾火山岩可形成于多种构造环境，但最主要见于与俯冲作用有关的构造背景。按地球化学特征的不同，Muller 等（1992；2000）将富钾火山岩的产出构造环境区分为 5 类，即：①陆弧（continental arcs），如意大利 Roman 岩省及地中海周围的 Aeolian 岛、Aegean 岛等；②后碰撞弧（postcollisional arcs），如阿尔卑斯、巴布亚新几内亚、伊朗东北部和罗马尼亚等；③初始洋弧（initial oceanic arcs），如西太平洋的马里亚纳群岛；④晚期洋弧（late oceanic arcs），如西南太平洋的斐济、Kuril 岛、Sunda 岛和 Vanuatu 岛等；⑤板内（within - plate settings），板内钾质火山岩成岩时无明显的俯冲作用，岩石的形成主要受热点活动或伸展（特别是裂谷）构造运动的制约，但岩浆源区应受到过古俯冲事件的影响。而其他 4 种构造环境富钾火山岩的形成均与俯冲作用存在密切联系。

Hawkesworth 等（1979）研究 Roman 南部 Roccamonfia 地区富钾火山岩后，认为火山岩是由交代富集事件过程中产生的具有低 ε(Nd) 和高 ε(Sr) 的地幔储集库经部分熔融形成的。Beccaluva 等（1991）主张意大利中部富钾火山岩起源于富集地幔的部分熔融，这种源区地幔的富集主要由俯冲壳源沉积物引起。Nelson（1992）根据对富钾火山岩同位素组成的系统研究，指出它们的岩浆源区受到过富大离子亲石元素的“交代”组分的混染，这些交代组分来源于俯冲的岩石圈，包括俯冲沉积物，尤其是受到了随俯冲进入地幔的大洋沉积物（marine sediments）的混染。

小定西组富钾基性火山岩具有富大离子亲石元素、轻稀土元素、显著的 Nb 负异常、高的 $n(^{87}Sr)/n(^{86}Sr)$ 值和低的 $n(^{143}Nd)/n(^{144}Nd)$ 值的特征，表现出壳源岩石的特点，但岩石地球化学又显示其具有幔源的特征，这种具有双重特征的岩石与 EMⅡ富集地幔一致，显示源区具有壳－幔混源性质，即沉积物及陆壳物质与地幔岩的深部混合作用。

从早二叠世开始，古特提斯澜沧江洋板块在扩张的同时，向东俯冲于思茅地块之下，带入大量的地壳物质和大洋沉积物对地幔区进行混染和交代，从而形成了强烈富集不相容元素和轻稀土元素的 EMⅡ型富集地幔。

晚三叠世，在总体挤压背景下局部发生拉张伸展，澜沧江深大断裂再次活动以及可能存在的“拆沉作用”，致使 EMⅡ型富集地幔部分熔融，从而形成了兼具壳－幔双重地球化学特征的小定西组富钾基性火山岩。

中三叠世忙怀组酸性火山岩主要来自陆壳的重熔，因有消减带物质的带入而具有弧火山岩的特征。

第3章 老毛村小岩体地质地球化学特征及成岩时代

3.1 地质背景和岩体特征

老毛村小岩体位于临沧—勐海花岗岩带的东边，澜沧江深断裂的西侧，为南澜沧江带产于晚三叠世小定西组基性火山岩中为数众多的花岗质小岩体之一，与南侧的官房铜矿水平距离仅为3 km，因此以老毛村岩体为例，研究其岩石化学、地球化学、构造环境、岩石成因及其与成矿的关系，将有助于研究区内铜矿床找矿思路的拓宽和地质找矿模型的确立。

老毛村小岩体面积约0.2 km^2，呈不规则岩株状，切穿小定西组玄武质火山岩及硅质岩条带呈侵入相产出(图3-1)。由内向外分别为二长花岗斑岩和碎裂花岗斑岩，地表出露为岩体边缘相，碎裂花岗斑岩靠近断层并强硅化。

花岗斑岩：呈灰黄色，斑状结构，块状构造，斑晶约占30%，斑晶成分主要为钾长石、斜长石和石英。石英斑晶大小不一，可见熔蚀结构，占斑晶的70%。斑晶中偶见黑云母。基质为隐晶质，成分为长石、石英和副矿物，较均匀地分布在长石斑晶和石英斑晶之间，约占70%。长石基质约占样品含量的42%。结晶粒度<0.20 mm，他形，弱绢云母化和弱高岭石化；石英基质约占样品含量25%，结晶粒度<0.20 mm，他形；副矿物约占样品含量的3%，结晶粒度小于0.20 mm，他形-半自形，成分为磁铁矿、钛铁矿、锆石、磷灰石和榍石。

碎裂花岗斑岩：灰白色，交代结构，碎裂构造。因强硅化，石英成分约占80%。可见重结晶石英，形成放射状、球状构造；长石常被石英交代，可见长石斑晶的假象。

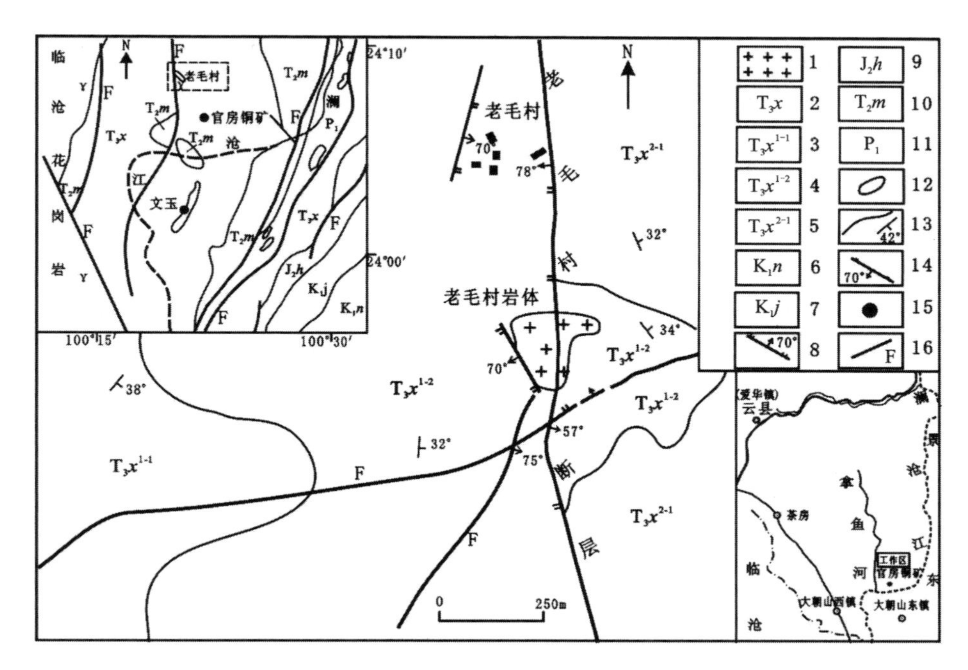

图3-1 南澜沧江带老毛村岩体地质略图

（据1∶20万云县—景谷幅修编）

1—花岗岩；2—上三叠统小定西组；3—小定西组第一段第一亚段；4—小定西组第一段第二亚段；5—小定西组第二段第一亚段；6—白垩系南新组；7—白垩系景星组；8—正断层及产状；9—侏罗系和平乡组；10—三叠系中统忙怀组；11—二叠系上统；12—小岩体；13—地质界线及岩层产状；14—逆断层及产状；15—铜矿床；16—断层

3.2 地球化学特征

3.2.1 主量元素特征

老毛村小岩体的 SiO_2 含量为77%左右，与忙怀组流纹质火山岩大体相当，高于中国花岗岩平均值71.63%（黎彤等，1997）。在花岗岩QAP图解（图3-2）上大部分投点落在富石英花岗岩和二长花岗岩区。岩体的全碱含量ALK（Na_2O + K_2O）为5.09%～6.64%；$w(K_2O)/w(Na_2O)$ 为1.50～5.60，平均为4.54，属于富钾花岗岩而不同于埃达克岩（Adakites）的富钠特征［$w(Na_2O)$ > 3.5%］（Defant and，1990；Drummond and Defant，1990）；低 TiO_2 含量（平均为0.214%）；MgO和CaO含量低，分别为0.162%～0.271%和0.14%～0.21%（世界花岗岩的平均值分别为 0.71 和 1.84)(Le Maitre, 1976);Al_2O_3平均含量为 12.85%,小于埃达克岩 15% 的下限值,铝饱和指数 A/CNK[$w(Al_2O_3)/w(CaO+Na_2O+K_2O)$(摩尔比)]值为 1.43 ~2.02,平均为 1.68,大于 1.1,也与忙怀组流纹质火山岩大体相

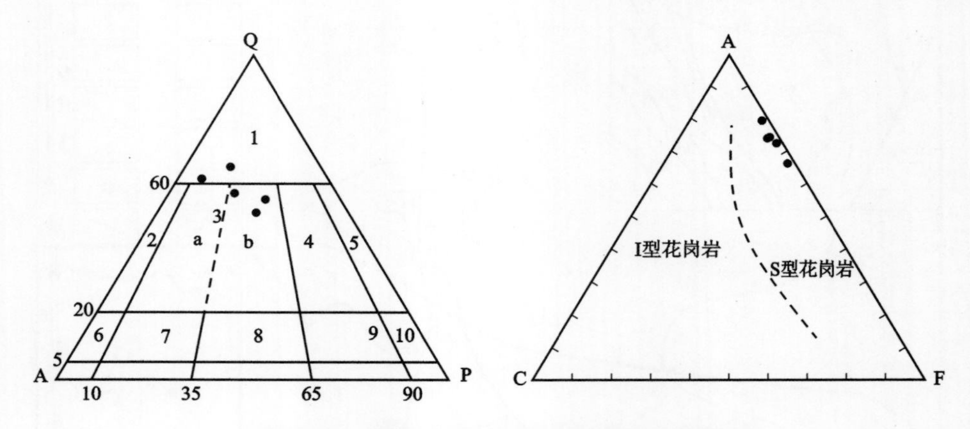

图 3-2　老毛村小岩体的 QAP 和 ACF 图解

1—富石英花岗岩;2—碱性长石花岗岩;3a—花岗岩;3b—二长花岗岩;4—花岗闪长岩;5—英云闪长岩

当(平均为 1.53),具陆壳重熔型花岗岩的特点;样品在 CIPW 标准矿物中出现刚玉分子(4.17% ~6.68%),属于过铝质岩石;NK/A[$w(Na_2O+K_2O)/w(Al_2O_3)$(摩尔比)]值为 0.47 ~0.70(表 3-1)。分异演化程度较高,分异指数 *DI* 为 90.2 ~92.2。老毛村小岩体的里特曼指数 σ 值为 0.74 ~1.33,平均值为 1.14,小于 3.3,与忙怀组流纹质火山岩接近(平均为 0.84),属于高钾钙碱性系列。

表 3-1　老毛村岩体和围岩岩石化学成分分析结果及相关系数　w_B/%

样号	LMY-1	LMY-2	LMY-3	LMY-4	LMY-5	YBS-1	YBS-2	YBS-3	YBS-4	XT1-2	XT2-1
岩石名称	花岗斑岩	花岗斑岩	花岗斑岩	花岗斑岩	花岗斑岩	流纹岩	流纹岩	流纹岩	流纹岩	玄武岩	粗玄岩
SiO_2	77.64	74.54	76.42	76.02	75.94	74.69	79.07	71.35	76.83	52.99	48.99
Al_2O_3	12.57	14.33	12.08	12.41	12.88	10.90	10.62	14.80	11.36	16.60	16.95
Fe_2O_3	0.916	0.894	1.93	2.06	1.71	0.842	1.06	1.34	0.734	5.62	4.18
FeO	0.737	0.721	0.565	0.894	0.533	1.78	0.854	1.58	1.40	2.57	5.19
CaO	0.14	0.156	0.102	0.212	0.163	1.83	0.204	0.660	1.01	2.84	3.28
MgO	0.259	0.162	0.166	0.186	0.271	0.756	0.340	0.701	0.493	4.93	6.15
K_2O	4.32	5.39	5.4	4.88	3.98	4.09	3.49	4.26	3.66	5.46	2.96
Na_2O	0.771	1.08	1.06	0.886	2.66	0.820	2.02	1.87	0.122	3.93	4.48

续表 3-1

样号	LMY-1	LMY-2	LMY-3	LMY-4	LMY-5	YBS-1	YBS-2	YBS-3	YBS-4	XT1-2	XT2-1
TiO_2	0.2	0.249	0.201	0.196	0.225	0.136	0.127	0.160	0.119	1.09	1.57
P_2O_5	0.064	0.075	0.074	0.058	0.087	0.044	0.040	0.040	0.041	0.395	0.550
MnO	0.018	0.018	0.008	0.011	0.014	0.064	0.027	0.032	0.054	0.293	0.501
灼失	2.12	2.08	1.6	1.7	1.44	1.77	1.76	3.28	3.50	2.80	4.00
CO_2	0.07	0.058	0.081	0.104	0.058	2.25	0.372	1.06	1.56	0.267	0.209
Total	99.76	99.70	99.61	99.51	99.90	99.97	99.98	101.1	100.9	99.79	99.01
ALK	5.09	6.47	6.46	5.77	6.64	4.91	5.51	6.13	3.78	9.39	7.44
A/CNK	2.02	1.58	1.39	1.74	1.43	1.19	1.46	1.65	1.83		
NK/A	0.47	0.61	0.70	0.54	0.67	0.54	0.66	0.52	0.37		

注：由国土资源部宜昌地质矿产研究所分析测试，应用熔片法在日产理学3080E1型波长色散X射线荧光光谱仪上测定，分析精度（*RSD%*）小于0.9。

3.2.2 火山岩标准矿物特征

老毛村小岩体计算的CIPW标准矿物和有关化学参数列于表3-2。老毛村岩体的CIPW标准矿物组合主要为Q、Or、Ab、C和Hy，与忙怀组流纹质火山岩标准矿物组合类似，属于SiO_2过饱和的正常岩石类型。

表3-2 老毛村小岩体CIPW标准矿物成分计算结果 $w_B/\%$

样号	Q	C	Or	Ab	An	Hy	Mt	Il	Ap	DI	σ	τ	SI	AR
LMY-1	57.24	6.68	26.15	6.68	0.28	1.17	1.24	0.39	0.15	90.6	0.74	59.0	3.7	2.34
LMY-2	48.24	6.78	32.63	9.36	0.29	0.75	1.26	0.48	0.18	90.5	1.32	53.2	1.97	2.61
LMY-3	50.03	4.58	32.58	9.16	0.02	1.13	1.92	0.39	0.18	91.8	1.24	54.8	1.83	3.26
LMY-4	52.31	5.55	29.5	7.67	0.69	1.53	2.22	0.38	0.14	90.2	1.00	58.8	2.1	2.68
LMY-5	45.18	4.17	23.9	22.87	0.24	1.25	1.73	0.43	0.2	92.2	1.33	45.4	2.98	3.07

3.3 稀土元素特征

老毛村小岩体的稀土元素总量相对偏高，$\sum w$(REE)为204.27×10^{-6} ~ 274.17×10^{-6}，平均为247.02×10^{-6}，明显高于花岗岩的平均值，也远高于小定西组基性火山岩[$\sum w$(REE)平均为164.07×10^{-6}]，但和忙怀组流纹质火山岩接近[$\sum w$(REE)平均为276.85×10^{-6}]（表4-3）。岩体富轻稀土元素，w(LREE)/

$w(\mathrm{HREE})=3.43\sim5.44$，$(\mathrm{La/Yb})_N=7.43\sim11.65$，$(\mathrm{La/Sm})_N=3.81\sim7.25$，$(\mathrm{Gd/Yb})_N=13.11\sim20.56$，轻稀土的分馏程度较重稀土高；重稀土元素 $w(\mathrm{Yb})$ 和 $w(\mathrm{Y})$ 的平均值分别为 3.1×10^{-6} 和 26.96×10^{-6}，分别大于埃达克岩的上限值 1.9×10^{-6} 和 18×10^{-6} 水平(刘红涛, 2004)，表明了两者之间的差异；岩石具中等的铕负异常($\delta\mathrm{Eu}$ 为 0.47 ~ 0.60)，稀土元素配分曲线呈右倾斜型(图 3 – 3)，上述特征与 S 型花岗岩稀土元素特征一致，表明该类花岗岩是由上地壳不同程度熔融而形成的(李昌年, 1992)。

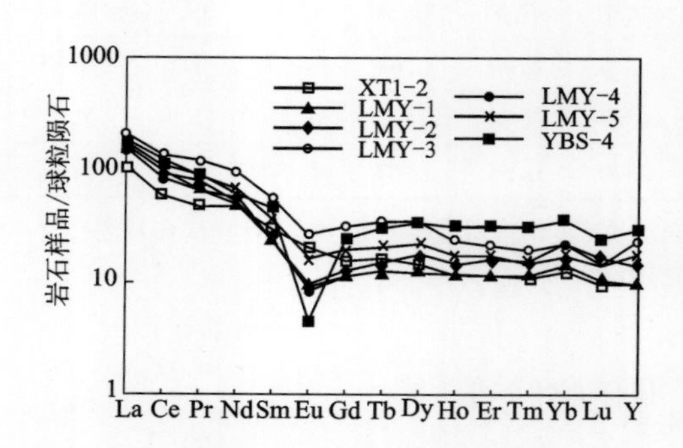

图 3 – 3　老毛村岩体和围岩稀土元素配分型式图

[球粒陨石数据据 Boynton(1984)]

3.4　微量元素特征

老毛村小岩体在微量元素蛛网图上显示 K、Rb、Ba、Th、U 强烈富集，Sr、P、Ti 显著亏损(图 3 – 4)，Sr 的平均含量为 87.96×10^{-6}，远低于埃达克岩的下限值 400×10^{-6}(刘红涛, 2004)；$w(\mathrm{Rb})/w(\mathrm{Sr})$ 比值高达 1.4 ~ 4.53，明显高于中国上地壳值(0.45)，但低于忙怀组流纹岩(4.67)，上述特征表明岩石为高程度演化岩浆结晶的产物，其 Sr、Ba、P、Ti 显著亏损的特征指示岩浆经历了较强的斜长石、磷灰石和钛铁矿的分离结晶作用。$w(\mathrm{Zr})/w(\mathrm{Nb})$ 平均为 9.18，$w(\mathrm{Zr})/w(\mathrm{Y})$ 平均为 8.19，$w(\mathrm{Nb})/w(\mathrm{La})$ 平均为 0.41，小岩体的微量元素蛛网图型式与忙怀组的流纹质火山岩基本一致，表明两者之间存在演化关系。

在利用花岗岩类微量元素来研究成岩特性时，常用 $\mathrm{Nb}^*=2\mathrm{Nb}_N/(\mathrm{K}_N+\mathrm{La}_N)$，$\mathrm{Sr}^*=2\mathrm{Sr}_N/(\mathrm{Ce}_N+\mathrm{Nd}_N)$，$\mathrm{P}^*=2\mathrm{P}_N/(\mathrm{Nd}_N+\mathrm{Hf}_N)$，$\mathrm{Ti}^*=2\mathrm{Ti}_N/(\mathrm{Sm}_N+\mathrm{Tb}_N)$ 参数值探讨成岩物质来源及岩体之下的地幔特性；用 $\mathrm{Zr}^*=2\mathrm{Zr}_N/(\mathrm{Sm}_N+\mathrm{Tb}_N)$，$\mathrm{Hf}^*=2\mathrm{Hf}_N/(\mathrm{Sm}_N+\mathrm{Tb}_N)$，$\mathrm{K}^*=2\mathrm{K}_N/(\mathrm{Ta}_N+\mathrm{La}_N)$ 参数值特征来探讨成岩物质来源，成岩所处的构造环境及岩体之下的地幔特性(Wilson, 1989)。

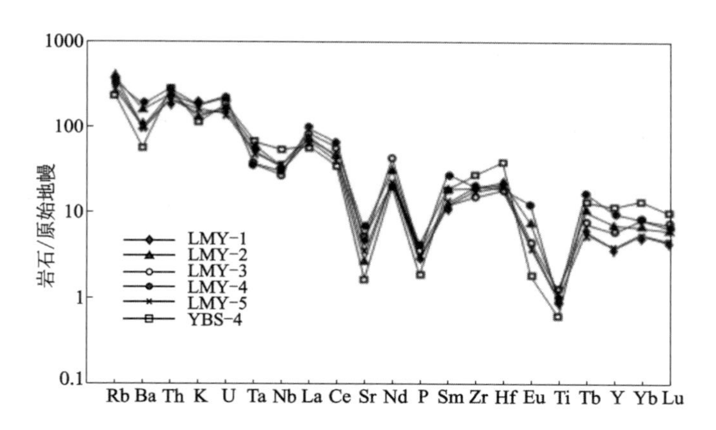

图 3－4　老毛村岩体和围岩原始地幔标准化微量元素蛛网图

[原始地幔数据据 McDonough 等(1985)]

表 3－3　老毛村岩体微量元素和稀土元素分析结果　$w_B/10^{-6}$

样号	LMY－1	LMY－2	LMY－3	LMY－4	LMY－5	YBS－1	YBS－2	YBS－3	YBS－4	XT1－2	XT2－1
La	51.8	49.7	64.2	46.6	57.3	72.8	39.9	35.8	53.5	34.4	32.1
Ce	78.2	79.9	116	70.7	102	106	61.8	65.3	91.8	55.3	49.9
Pr	8.08	9.66	14.6	8.01	11.2	12.8	8.19	8.39	10.8	6.37	6.68
Nd	28.8	30.0	55.7	31.8	39.8	48.3	26.1	31.2	34.8	26.1	30.1
Sm	5.00	5.33	11.8	5.10	7.84	10.6	7.72	7.93	9.89	6.27	6.62
Eu	0.66	0.72	1.95	0.62	1.18	1.00	0.29	0.35	0.33	1.50	1.64
Gd	3.65	4.00	10.2	3.73	6.34	8.11	7.15	7.49	8.04	4.52	5.34
Tb	0.59	0.75	1.72	0.62	1.05	1.41	1.36	1.38	1.48	0.68	0.86
Dy	3.99	5.41	10.6	3.92	7.02	9.45	10.2	11.0	10.9	4.34	5.47
Ho	0.82	1.08	1.76	0.87	1.26	1.87	2.16	2.53	2.32	0.85	1.01
Er	2.46	3.50	4.62	2.48	3.65	5.44	6.53	7.63	6.84	2.35	2.84
Tm	0.38	0.51	0.64	0.38	0.50	0.79	1.00	1.16	1.04	0.36	0.39
Yb	2.52	3.79	3.73	2.47	3.00	5.14	6.21	7.48	6.23	2.11	2.49
Lu	0.32	0.50	0.46	0.31	0.43	0.61	0.70	0.89	0.76	0.29	0.35
Y	17.0	26.1	43.3	16.8	31.6	52.3	51.4	58.6	54.2	18.4	18.5
∑REE	204.27	220.95	341.28	194.41	274.17	336.62	230.71	247.13	292.93	163.84	164.29
LR/HR	5.44	3.84	3.43	5.16	4.00	2.95	1.66	1.52	2.19	3.83	3.41

续表 3-3

样号	LMY-1	LMY-2	LMY-3	LMY-4	LMY-5	YBS-1	YBS-2	YBS-3	YBS-4	XT1-2	XT2-1
δEu	0.51	0.51	0.60	0.47	0.56	0.36	0.13	0.15	0.12	0.92	0.92
δCe	0.78	0.77	0.82	0.76	0.85	0.72	0.73	0.82	0.81	0.78	0.73
$(La/Yb)_N$	11.65	7.43	9.75	10.69	10.82	8.03	3.64	2.71	4.87	9.24	7.31
$(La/Sm)_N$	7.25	6.53	3.81	6.40	5.12	4.81	3.62	3.16	3.79	3.84	3.39
$(Gd/Yb)_N$	0.77	0.56	1.45	0.80	1.12	0.84	0.61	0.53	0.69	1.14	1.14
Cu	34.0	30.8	18.1	28.0	31.1	64.2	71.1	74.1	48.3	53.4	28.1
Pb	55.0	73.0	13.0	36.0	24.0	19.2	34.1	28.6	22.1	24.8	30.1
Rb	197	217	232	245	174	177	150	272	165	22.9	22.1
Sr	67.2	102	92.5	54.1	124	34.9	33.7	43.3	57.7	166	75.1
Ba	676	1230	1090	627	677	461	390	190	94.4	263	380
Nb	23.5	20.6	18.8	23.6	23.6	23.3	37.2	46.1	36.2	155	194
Ta	2.03	1.43	1.42	1.95	2.35	0.74	2.61	3.47	2.97	13.7	17.9
Zr	165	214	218	193	206	149	299	385	281	0.60	1.60
Hf	5.37	6.09	5.52	5.89	6.62	5.97	11.4	14.1	10.9	171	183
Ag	0.20	0.19	0.033	0.085	0.10	0.12	0.10	0.11	0.042	0.45	0.55
U	3.18	4.74	4.58	3.03	3.50	2.43	3.87	4.00	3.48	0.30	0.029
Th	17.5	23.2	19.6	17.2	20.4	22.40	23.00	30.80	22.50	0.98	1.25
Nb/Ta	11.58	14.41	13.24	12.10	10.04	31.49	14.25	13.29	12.19	8.40	5.68
Zr/Nb	7.02	10.39	11.60	8.18	8.73	6.39	8.04	8.35	7.76	12.48	10.22

注：由国土资源部宜昌地质矿产研究所分析测试，稀土元素由 ICP-AES 检测，微量元素由 ICP-MS 检测，岩性同表 3-1。

老毛村岩体 Nb^* 为 0.20~0.32，Sr^* 为 0.08~0.13，P^* 为 0.11~0.16，Ti^* 为0.04~0.12，其值均小于1，表明花岗岩体成岩物质主要来源于地壳，岩体之下为贫钛的亏损地幔；岩体的 Zr^* 平均为 1.57，Hf^* 平均为 1.75，K^* 平均为 2.54，其参数值均大于1，同样表明岩体成岩物质主要来源于地壳，且同化混杂玄武岩质岩石；岩体之下为亏损地幔。

3.5 岩体形成时代

为了查明岩体的形成时代，对其进行了 Rb-Sr 同位素年龄测定。5 个全岩样品为新鲜无蚀变的花岗斑岩，上述样品的 Rb-Sr 含量以及同位素与质谱测定在湖北省宜昌地质矿产研究所同位素室的 VG-354 固体同位素质谱计上完成。Sr 同位素质量分馏利用 $n(^{86}Sr)/n(^{88}Sr)=0.1194$ 进行校正，Rb-Sr 全流程空白本

底为 $2\times10^{-10}\sim5\times10^{-10}$g，分析结果见表 3－4。

表 3－4　老毛村岩体 Rb－Sr 同位素年龄分析结果

样号	样品名称	w(Rb)/10^{-6}	w(Sr)/10^{-6}	$n(^{87}Rb)/n(^{86}Sr)$	$n(^{87}Sr)/n(^{86}Sr)(2\sigma)$
LMY－1	花岗斑岩	175.6	67.84	7.477	0.72539 ± 0.00001
LMY－2	花岗斑岩	198.2	96.2	5.948	0.72242 ± 0.00003
LMY－3	花岗斑岩	205.8	86.47	6.871	0.72426 ± 0.00002
LMY－4	花岗斑岩	233.8	56.92	11.88	0.73660 ± 0.00005
LMY－5	花岗斑岩	197.6	96.27	5.927	0.72233 ± 0.00001

$\lambda n(^{87}Rb)=1.42\times10^{-11}a^{-1}$，$t=169$Ma ± Ma，$n(^{87}Sr)/n(^{86}Sr)=0.70785\pm0.00056(1\sigma)$

5 个花岗斑岩全岩样品在 Rb－Sr 等时线上的所有数据点形成很好的线性关系(图 3－5)，采用 York 方法计算的全岩等时线年龄为 169 ± 5 Ma，$I_{Sr}=0.70785$，σ_{MSWD}(加权偏差均方值)＝2.8，$r=0.9997$。其时代为晚侏罗世，可将岩体划分为燕山晚期。低的 σ_{MSWD} 值和较小的年龄值误差及高的线性相关系数表明该年龄值可信度高。

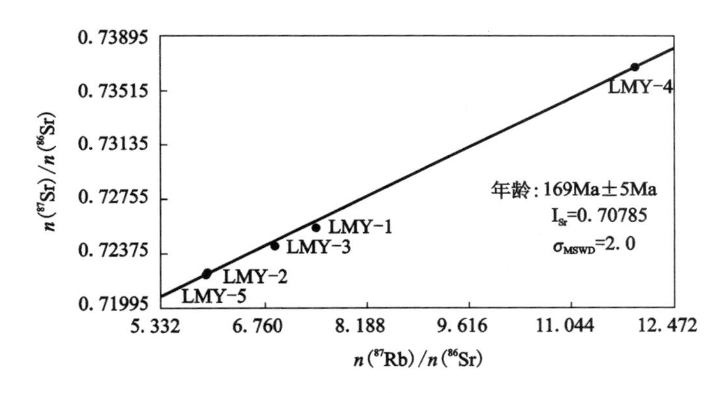

图 3－5　老毛村岩体 Rb－Sr 等时线图

3.6　岩体与成矿的关系

如前分析，老毛村岩体的地球化学特征不同于埃达克岩，其成矿元素含量平均值 w(Cu)为 28.4×10^{-6}、w(Pb)为 40.2×10^{-6}、w(Zn)为 40.3×10^{-6}、w(Au)为 1.07×10^{-9}、w(Ag)为 0.12×10^{-6}和 w(Sn)为 12.7×10^{-6}，与中国花岗岩的平均丰度值(鄢明才，1996)相比，其浓集系数分别为 5.16、1.55、1.01、2.23、2.0

和5.78，显示了较明显的铜、锡矿化特征。另一方面，老毛村岩体的形成时代为晚侏罗世，这也与南澜沧江带的锡矿化年代大体相当。

3.7 岩石成因和构造环境

老毛村岩体在花岗岩成因分类 ACF 图解（图 3 – 2）中样点落入“S”型花岗岩区，其 *I*sr 值为 0.70785，介于 0.706 和 0.719 之间，说明其岩浆来源主要为壳源（Chappell B W 等，1974；1987）。岩体的 A/CNK > 1.1、富轻稀土元素、具强的 Eu 负异常以及高含量的 Rb、Ba、K、La、Ce 及低含量的 Ta、Nb 和 Ti 等特征表明岩体主要为地壳物质的重熔产物（李昌年，1992）。从特征参数 Nb^*、Sr^* 和 Ti^* 均小于 1 及 Zr^*、Hf^* 和 K^* 均大于 1 的特点也可以得出相同的结论（Wilson，1989），因此根据地质和地球化学特征老毛村岩体可确定为“S”型花岗岩体。

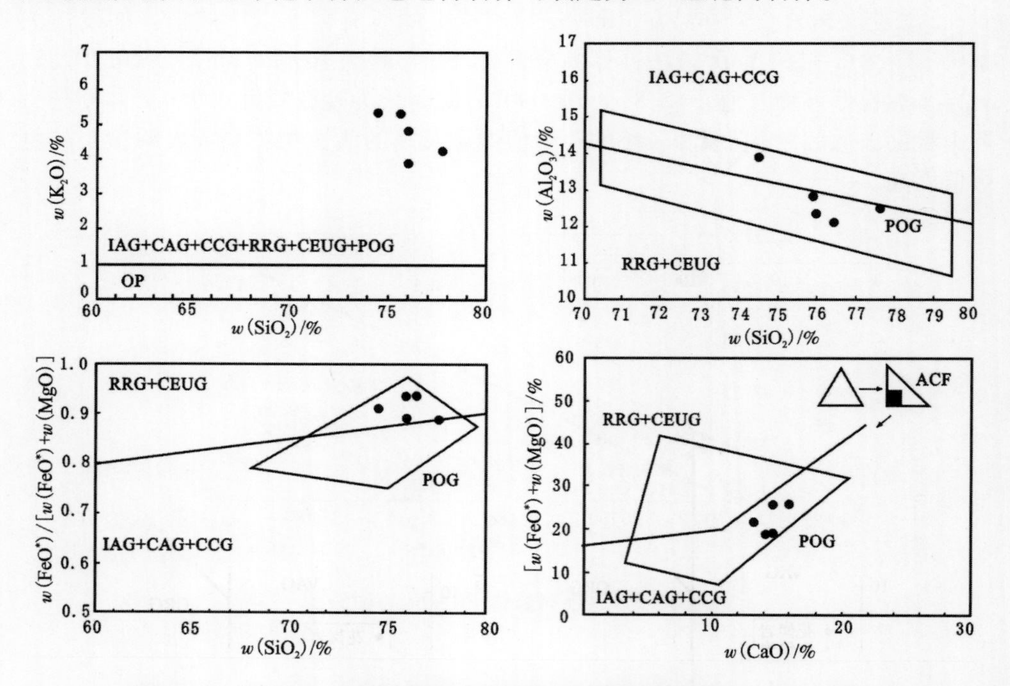

图 3 – 6 老毛村小岩体体形成构造环境判别图解（据 Maniar 等，1989）

IAG—岛弧花岗岩类；RRG—裂谷花岗岩类；CAG—大陆弧花岗岩类；OP—大洋斜长花岗岩类；CEUG—与大陆的造陆抬升有关的花岗岩；CCG—大陆碰撞花岗岩类；POG—后造山花岗岩类

岩浆岩组合和岩石成分与大地构造环境有着密切的关系，这一点为大多数地质学家所接受（Maniar 等，1989；Pearce 等，1984；White 等，1983）。许多学者从不同的角度提出了大量有效的构造环境判别图解，在 Maniar 等（1989）的 4 组图解中，所有样点几乎全部落入后造山花岗岩区（图3-6），说明岩体在构造演化阶段上形成于大洋闭合挤压造山之后。在 Pearce 等（1984）的 w(Nb) - w(Y)、w(Ta) - w(Yb)、w(Rb) - w(Y + Nb)和 w(Rb) - w(Yb + Ta) 花岗岩判别图解中，样点大部分落在火山弧花岗岩区（图3-7）。图解表明老毛村岩体同时具有火山弧花岗岩和后造山花岗岩的特点。其形成机制可能为：在澜沧江洋板块向东与思茅地块碰撞之后转入伸展引张体制中，由于澜沧江深断裂的活动致使地幔底辟上隆，引起岩石圈拆沉和软流圈上涌，软流圈上涌所提供的热能使深部地壳发生部分熔融作用。在此过程中部分中三叠统忙怀组流纹质弧火山岩参与了成岩作用，从而导致岩体具弧火山岩的印记。综合前面的分析，认为老毛村岩体形成的构造环境为“后造山”。

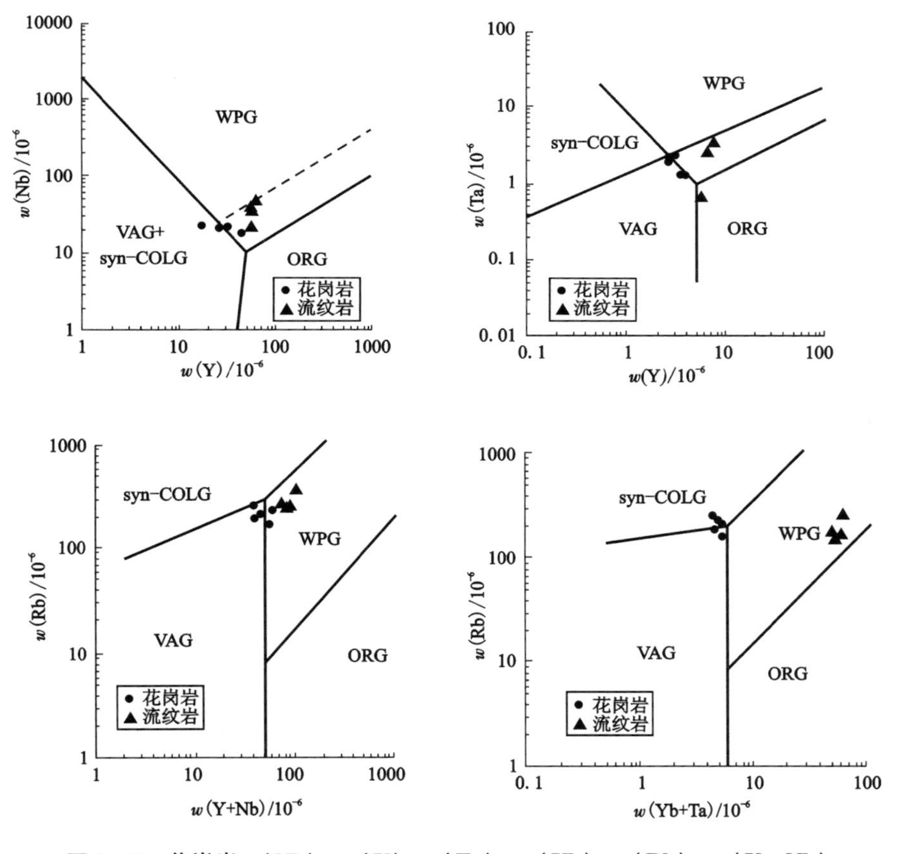

图3-7　花岗岩 w(Nb) - w(Y)、w(Ta) - w(Yb)、w(Rb) - w(Y + Nb) 和 w(Rb) - w(Yb + Ta)判别图解

（据 Pearce 等，1984）

Syn - COLG - 同碰撞花岗岩；VAG - 火山弧花岗岩；WPG - 板内花岗岩；ORG - 洋中脊花岗岩

第4章 云县官房铜矿地质特征

官房铜矿是南澜沧江弧火山岩带云县段目前所发现的规模最大且正在勘探的矿床。由于特殊的大地构造环境和矿床类型，历来为研究南澜沧江带的地质学家所重视。矿床位于云南省临沧市云县县城145°方向，水平距离约50 km。地理坐标为东经100°23′44″～100°27′16″，北纬24°04′23″～24°08′43″，矿区面积约20 km^2。在中南大学地质研究所的指导下，民营企业江天矿冶有限责任公司从2003年底投入巨资进行风险勘探，2004年10月—2005年8月，官房铜矿向阳山矿段的1576、1530、1488、1436和1350中段5个中段先后见矿，地质找矿工作由此取得重大突破。现已初步控制121＋333＋334铜金属资源量近50万吨，银资源量1500吨，有望成为大型规模的富银铜矿床。

4.1 地质背景及其演化

官房铜矿地处南澜沧江火山弧带北端的云县段，夹持于临沧—勐海花岗岩带与澜沧江深大断裂之间，是澜沧江洋板块和思茅地块俯冲碰撞的聚合地区(图4－1)。本区的构造格架从西向东依次为昌宁—孟连晚古生代洋脊/准洋脊玄武岩、蛇绿混杂岩带、印支期临沧—勐海花岗岩带、南澜沧江二叠纪—三叠纪弧火山岩带和思茅盆地西缘。

从早二叠世开始，澜沧江洋板块在扩张的同时，向东俯冲于思茅地块之下，从而形成了南澜沧江带二叠纪低钾－中钾钙碱性弧火山岩。南澜沧江带下三叠统的缺失以及临沧花岗岩主体形成于晚三叠世间，又说明缅泰马微大陆与思茅地块的主体碰撞作用发生于早三叠世；碰撞使陆壳增厚、压力迅速增加，而滞后的增温效应使增厚陆壳熔融形成花岗岩和酸性火山岩的作用发生在碰撞作用的较后期，即属于后碰撞花岗岩和火山岩(莫宣学等，1998)。晚三叠世的局部伸展作用导致了陆－海交互相的高钾钙碱性－钾玄岩系列的基性火山岩大量喷发，其与中三叠世的碰撞型高钾酸性火山岩构成一套类似于“双峰式”火山岩的岩石组合。中生代以后的构造运动，使临沧—勐海花岗岩和元古宙基底抬升出露于地表，并发育一系列韧性剪切带、逆断层、逆冲推覆体从而破坏了洋脊玄武岩－蛇绿岩带与弧火山岩之间的毗邻关系。中侏罗世发生广泛海侵，全区沉积了一套浅海相泥质碎屑岩。中侏罗世末—晚白垩世的燕山运动，形成东西向的褶皱和断裂，并伴

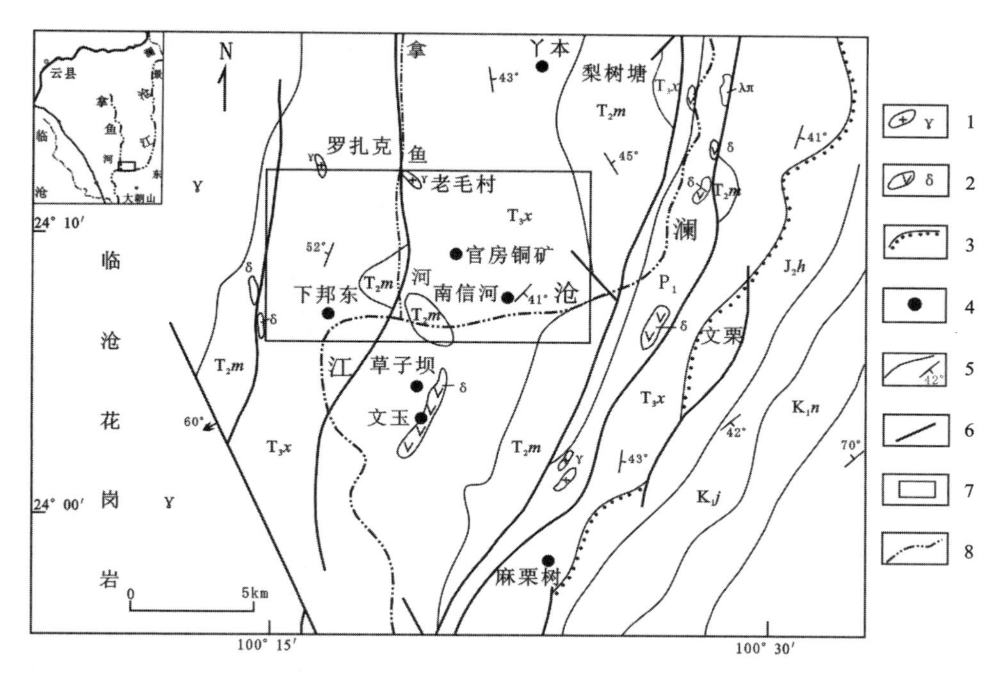

图 4－1　南澜沧江带官房铜矿区域地质略图

（据 1∶20 万景东幅修改①）

K_1n—白垩系南星组；K_1j—白垩系景星组；J_2h—侏罗系和平乡组；T_3x—三叠系上统小定西组；T_2m—三叠系中统忙怀组；P_1—二叠系上统；1—花岗岩岩体；2—闪长岩岩体；3—不整合接触界线；4—铜矿床(点)；5—地质界线和岩层产状；6—断层；7—研究区；8—河流

有中酸性岩浆的侵入，形成的小岩体群沿南澜沧江断裂呈南北向线性分布。古新世末，全区发生十分强烈的喜山运动，并伴有酸性岩浆的侵入。官房铜矿即赋存于中晚三叠世形成的富钾火山岩系中。

4.2　地球物理、遥感特征

区内显重力高并伴有中等－较强的近南北向条带状正、负磁异常。显示碎裂状变形条带影像，与火山岩带展布形态一致，具挤压推覆后期拉张特征，在官房、文玉一带的环形构造为岩浆热液活动套叠环。遥感解译为各方向线性构造交切呈密集带，并有 EW 向隐伏断裂叠加形成构造结点，为深部物质上溢通道和存留场

① 云南省地质局. 1977. 区域地质调查报告(1∶20 万)，景东幅(G－47－ⅩⅩⅩⅤ幅，地质部分)。

所。NEE、NWW 和 NW 向放射状断裂与环形构造叠加，多个环形影像是火山机构或是隐伏岩体的反映，在官房与构造结点及矿床重叠，表明成矿与火山机构或隐伏岩体有密切的关系（中南工业大学，1986）。

4.3 构造和岩浆岩

区域断裂和褶皱构造发育，构造线总体方向为近 SN 向，延伸数十至数百公里。澜沧江断裂为区域性深大断裂，总体上为近 SN 向。澜沧江本与澜沧江断裂大致平行，但在矿区突然拐成近 EW 向，表明矿区可能存在 EW 向隐伏深断裂，也有可能与隐伏岩体产生的环形断裂有关。断裂两侧发育次级 NWW 向压扭性断裂和 NNW 向张扭性断裂。断裂带内糜棱岩、断层泥、片理化、擦痕、构造角砾岩及小褶皱发育，巨厚的中－晚三叠世酸性和基性火山岩沿澜沧江断裂呈近 SN 向带状分布。澜沧江断裂为一多期活动控制区域内沉积作用、岩浆活动的深大断裂，也是区域内重要的控矿构造。拿鱼河断裂是平行澜沧江断裂的次级断裂。

区内岩浆活动频繁，除火山岩外，在矿区东西两侧呈 SN 向断续分布，沿澜沧江断裂呈 SN 向断续分布有印支－喜山期中酸性侵入岩，空间分布上常产于小定西组火山岩内，一般规模较小，大多呈岩脉产出，岩性主要有闪长岩、闪长玢岩、石英斑岩、二长花岗岩和花岗斑岩。此外，在小定西组基性火山岩和忙怀组酸性火山岩中辉绿岩脉较发育，顺层或切层侵入，时代不详。

与成矿关系密切的是在官房铜矿向阳山矿段发现的闪长岩体。

闪长岩体受数条北东向和北西向断裂围限，形态类似于向上侵位于火山机构筒形的次火山岩小岩株，岩体岩枝岩脉极其发育，围岩绝大部分为小定西组青灰色致密块状富钾玄武熔岩，二者之间的接触带矽卡岩不发育。岩体平面直径为 120～160 m，最高出露标高在 1300 m 左右，在 1300 中段可见到厚度 1～2 m 的闪长岩脉，目前有 4 个孔深 300 m 的浅孔控制，深部情况正在揭露中。

闪长岩体主要呈浅绿灰色、浅灰色，半自形粒状结构、碎裂岩化结构，块状构造（图版Ⅴ－5 和图版Ⅴ－6）主要由粒径≤0.6 mm×1.2 mm 的半自形板柱状斜长石（60%～70%）和部分角闪石和由角闪石蚀变形成的绿泥石（15%～20%）、少量辉石（3%～5%）、石英（3%～5%）、绿帘石（2%）、碳酸盐、重晶石、明矾和金属矿物等组成。斜长石自形程度较好，呈板柱状杂乱分布搭成格架。其他矿物沿其间隙中充填。岩石中部分重晶石沿局部裂纹充填。岩石受应力作用，局部破碎明显，并发育不规则裂纹，沿裂纹中充填部分绿泥石、绿帘石等。

4.4　矿床地质特征

4.4.1　矿区地层

官房铜矿矿区地层为上三叠统小定西组(T_3x)基性火山岩和中三叠统忙怀组上段(T_2m)流纹质火山岩。小定西组主要为一套高钾玄武岩－粗玄岩－钾玄岩组合，具有脉动喷发的特点，一共有五个较大的喷发旋回。在每一次喷发旋回的顶部，气孔杏仁构造和火山角砾岩发育，岩石为紫红色或砖红色，到中下部则过渡为青灰色致密块状熔岩，以溢流相为主，主要为陆相、部分海陆交互相环境。根据火山喷发韵律旋回分为三段六亚段，自下而上依次为：

第一段第一亚段(T_3x^{1-1})：下部岩性为青灰色厚－巨厚层状玄武岩、砖红色玄武质凝灰岩，中夹火山角砾岩和顺层或切层的辉绿岩脉；中部为青灰色块状玄武岩夹灰色、灰白色薄－中厚层凝灰质砂岩；顶部为紫红色斑状、气孔状、杏仁状玄武岩和部分玄武质角砾岩，厚 320 m。

第一段第二亚段(T_3x^{1-2})：下部岩性为青灰色巨厚层状玄武岩，上部为紫灰色气孔状、块状玄武岩，局部见火山集块岩，在矿区以北的老毛村一带夹有紫红色砂质、粉砂质板岩和硅质岩条带，厚 710 m。

第二段第一亚段(T_3x^{2-1})：岩性主要为青灰色致密状玄武岩，下部局部夹紫色泥质板岩，顶部为紫灰色气孔状、致密状玄武岩，厚 460 m。

第二段第二亚段(T_3x^{2-2})：中下部为紫灰色斑状玄武岩和青灰色粗玄岩；顶部为浅灰色、紫红色、杂色、杏仁状玄武岩，为本区似层状矿体赋矿层位之一。

第二段第三亚段(T_3x^{2-3})：中下部为灰色、青灰色块状玄武岩和钾玄岩；顶部为紫灰色、紫红色斑状、杏仁状玄武岩、紫红色玄武质角砾凝灰岩和钾玄岩，顶部有一层厚 10 余米的具有高渗透性的气孔杏仁玄武岩，为本区主要似层状矿体赋存层位之一，厚 333 m。

第三段第一亚段(T_3x^{3-1})：岩性为灰色、浅灰色块状玄武岩夹紫红色角砾凝灰岩和凝灰质粉砂岩，未见顶，厚 153 m。

忙怀组上段(T_2m)：为一套高钾流纹质火山岩及火山碎屑岩组合，爆发指数为 48.7。岩石类型主要有高钾流纹岩、流纹斑岩、流纹质角砾岩、流纹质岩屑凝灰岩、玻屑凝灰岩、凝灰岩和凝灰质粉砂岩。在官房矿区忙怀组上段地表很少出露，主要见于钻孔。岩性主要为紫红色流纹质角砾岩、角砾凝灰岩，顶部以一层厚 3 ~ 10 m 的紫红色凝灰质砂岩、页岩与小定西组呈假整合接触。

4.4.2 矿区构造

受呈近SN向的澜沧江和近东西向的隐伏深断裂及存在的隐伏岩体或次火山岩体侵位的影响，矿区内断裂构造十分发育，与成矿关系极为密切，是主要的导矿构造和重要的容矿空间。按断裂走向大致可分为SN向、NE向、NW向及EW向四组，具有环状和放射状的特点，和遥感影像特征一致。与成矿关系密切的断层有NW、NE和SN向3组，为主要的控矿断裂，官房矿区主要断裂特征见表4－1。

表4－1　官房铜矿矿区主要断层特征表

组别	编号	位　置	产　　状	性质	断　层　描　述
南北向	F_5	位于上官房以南即罗房河中	北段120°∠84°，中南段80°～100°∠84°	压扭性断层	断层破碎带宽2～3 m，角砾呈片状，透镜状产出，强硅化，断面凹凸不平，沿走向呈舒缓波状，水平擦痕明显。
北东向	F_{10}	位于铜厂以南1700 m	推测断层	正断层	断层两侧地质界线被错断发生位移，在其两侧裂隙特别发育。地貌表现为冲沟峡谷。
	F_{13}	位于岩脚寨以南600 m	推测断层向北西倾斜	正断层	断层两侧地质界线错位，两侧节理裂隙特别发育。在断层南侧有Ⅱ－①及Ⅱ－⑧两个矿体出露。与成矿可能有一定关系。
	F_{17}	位于硬寨丫口以东约300 m	中南段290°～315°∠60°～75°，北段120°～125°∠75°	正断层	断层破碎带宽一般4～5 m，角砾大小不一，呈次棱角状。断面凹凸不平，中南段西倾，北段东倾。
	F_{20}	分布于官房以东约300 m	南段80°∠53°～77° 北段280°～290°∠55°～68°	正断层	南段近南北向，北段呈北北东向延伸，破碎带宽0.4～6 m，由北向南宽度逐渐加大。
	F_{21}	分布于陆乡通以东约350 m	290°～300°∠80°～85	正断层	断层破碎带宽8～10 m，断面平整，角砾多呈次棱角状，破碎带遭受硅化、绿泥石化。断层南段分布有2处铜锌银异常，并赋存Ⅴ－①铜矿体。

续表 4-1

组别	编号	位　置	产　　状	性质	断　层　描　述
北西向	F_2	铜厂至澜沧江河谷一线	80°∠37°~60°	张扭性断层	断层破碎带宽7~8 m，角砾不明显，呈透镜状产出，局部硅化、绿泥石化较强，断面平整光滑，见水平擦痕，具左旋扭动特征。南东段倾角较缓，北西段较陡。是区内主要含矿断层之一，南段有Ⅰ-⑭矿体；北段Ⅰ-①、②、③三个矿体与断层斜交。
	F_3	位于铜厂以东400 m	倾向北东，倾角52°~67°	正断层	断层破碎带宽约1 m，角砾不明显，局部张开约10 cm，见有泥质物充填，断面较光滑略有弯曲，南段地貌上形成冲沟峡谷。
	F_9	位于南坎寨以南约100 m	55°∠50°	正断层	断层破碎带不明显，硅化较强，断面平整光滑，局部可见擦痕。有Ⅲ-③小铜矿体产出。
	F_8	位于山南至山脑河一带	40°~30°∠60°~65°	正断层	断层破碎带宽2~3 m，角砾带不明显，主要呈交错劈理带，透镜体等，强硅化，断层平整光滑，擦痕清晰。蚀变强烈部位产出铜铅矿体，是一条含矿断层。
	F_{19}	分布于陆乡通至扎石坝东北约200 m	北段为230°∠65°南段78°∠55°	北段为逆断层，南段为正断层。	呈北西向延伸，北段破碎带不明显，但平行于断层面的劈理发育；南段破碎带宽约2 m，角砾呈次棱角至次圆状，砾径1~5 cm，胶结较紧密。断层南段与F_{19}交汇部位分布有铜锌银地球化学异常。
东西向	F_{12}	分布于官房村以北300 m	160°~188°∠54°~81°	正断层	断层破碎带宽0.8~2 m，角砾不明显，见有硅化，断面平整光滑。
	F_{14}	从南信河农场沿至南马村	325°~5°∠50°	正断层	断层破碎带宽约3 m，由片理化玄武岩组成。断层走向上呈舒缓波状，呈多组裂隙面平行展布，有充填-交代铜矿体产出。

向阳山矿段目前是官房铜矿的主采矿段，单个矿段的铜银储量就达到了中型的规模，矿体的空间分布与火山机构、闪长岩体和在其外围的北西向断裂 F_0 和北东向断裂 F_1 有直接的关系。

F_0 控矿断裂破碎带（NW 向）：F_0 断层是向阳山矿段内主要导矿、储矿构造，在 1650 中段至 1228 中段都有巷道工程揭露，该断裂控制着闪长岩体东南侧的Ⅰ号矿体群，再和北东向的 F_1 交汇控制了新发现的 2 - 1 号“筒状”矿体。F_0 经过向阳山矿段的长度约 1000 m，断层产状 240°∠72° ~ 80°，破碎带宽约 1 ~ 2 m，断层总体断面较为平整，局部扭曲反转，呈波状起伏延伸，断层面见擦痕，断层上下盘片理化、劈理化发育，为一高角度压扭性断层。断层角砾成分主要为玄武岩，多为灰色，紫红色，粒径大小不一，10 ~ 80 mm 不等，呈次圆状、圆状。其次为玄武质紫红色断层泥、碳酸盐和一些硅质物、铁质物。

F_1 控矿断裂破碎带（NE 向）：F_1 断裂是官房铜矿向阳山矿段新发现的重要导矿、容矿构造，位于向阳山闪长岩体的西北侧，和 F_0 一起控制了 2 - 1 号“筒状”铜银富矿体及沿北东走向一系列小矿体。在 1228 中段、1300 中段有巷道工程揭露。断层产状 315°∠70° ~ 80°，破碎带宽约 1 ~ 1.5 m，断层面较光滑呈舒缓波状延伸，见垂直擦痕，由多组裂面交错成片状、眼球状，透镜体具定向排列，上下盘片理化发育，为一高角度压扭性断裂，以岩石破碎强烈，硅化强，石英脉极为发育广泛有别于其他断层，断层活动具有多期次性的特点。

矿区褶皱构造主要为向阳山向斜，属于区域上张导山复式向斜的次级褶皱。向阳山向斜南起于澜沧江边，北延至官房丫口，总体呈北东 20° ~ 30°向展布。核部地层为 T_3x^{3-1}，两翼分别为 T_3x^{2-3} ~ T_3x^{1-1}。北西翼较缓，倾角 10° ~ 28°；南东翼较陡，倾角 25° ~ 40°，轴面向西及北西倾斜，为一不对称向斜。向斜形成过程的挤压作用产生的层间破碎带和节理裂隙带对本区铜矿体有明显的控制作用，是重要的容矿构造之一。

本区除了断裂非常发育外，相伴而生的节理同样十分发育，主要有近 EW 向、近 SN、NE 向和 NW 向四组。

（1）近 SN 向节理：以西倾为主，产状为 270°∠70°；东倾次之，产状为 80° ~ 90°∠70°。节理密度 5 ~ 8 条/m，节理面平直光滑，显剪性。

（2）近 EW 向节理：以南倾为主，产状为 180° ~ 220°∠60° ~ 85°；北倾次之，产状为 0° ~ 20°∠50° ~ 85°。节理面平滑，可见绿泥石、碳酸盐和铜铅矿物充填。密度 7 ~ 10 条/m，显剪性。

（3）NE 向节理：一般产状为 300° ~ 340°∠70° ~ 80°。锯齿状、树枝状、显张性，一般裂口 5 ~ 15 cm，可见泥质充填，节理密度 3 ~ 5 条/m。

（4）NW 向节理：产状一般为 10° ~ 20°∠70° ~ 80°。节理面紧闭无充填物，密度 10 ~ 20 条/m，显压剪性。

NW 向和近 EW 向节理常发育于褶皱轴部，即沿断层平行展布或斜交产出，与成矿关系密切。节理裂隙带硅化、碳酸盐化常见，有交代－充填型含铜矿脉产出。

4.4.3　矿体特征

官房铜矿目前已发现 32 个工业矿体(群)和矿化蚀变体，在小定西组不同亚段中都有分布，主要受构造和火山岩岩性控制。在忙怀组酸性火山岩目前没有发现工业矿体，但可见较强的黄铁矿化和黄铜矿化。

根据矿体的类型、性质和分布范围可分为三个矿段，即向阳山矿段、山南矿段和岩脚—南信河矿段(图 4－2)，其中向阳山矿段为目前主开采矿段。

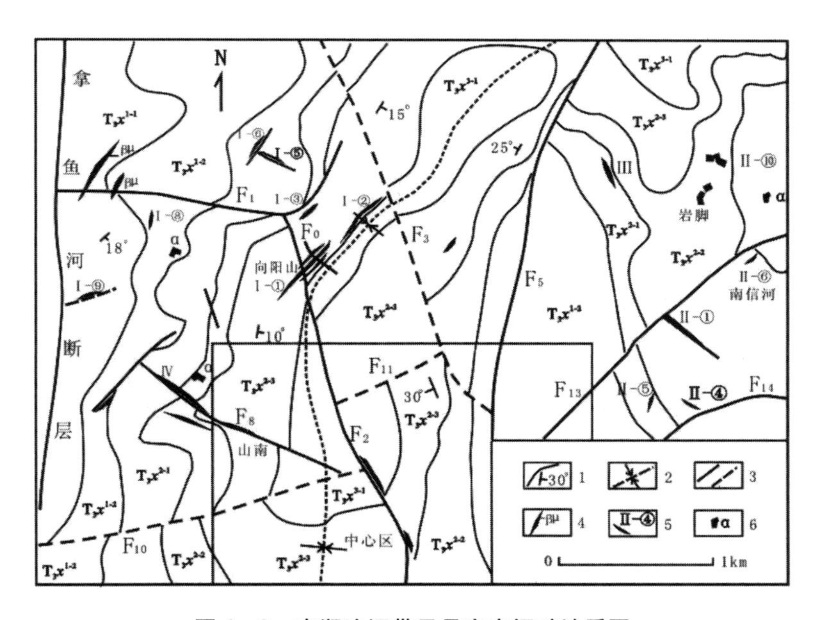

图 4－2　南澜沧江带云县官房铜矿地质图

T_3x^{1-1}—上三叠统小定西组第一段第一亚段玄武岩、玄武质凝灰岩夹火山角砾岩；T_3x^{1-2}—小定西组第一段第二亚段玄武岩局部夹火山集块岩；T_3x^{2-1}—小定西组第二段第一亚段玄武岩；T_3x^{2-2}—小定西组第二段第二亚段玄武岩和粗玄岩；T_3x^{2-3}—小定西组第二段第三亚段玄武岩、玄武质角砾凝灰岩、钾玄岩；T_3x^{3-1}—小定西组第三段第一亚段玄武岩、玄武质角砾凝灰岩夹凝灰质粉砂岩；1—地质界线和岩层产状；2—向斜轴；3—实测和推测断层；4—辉绿岩；5—铜矿体及编号；6—火山集块岩

主要矿体有向阳山矿段的Ⅰ－①、Ⅰ－②号矿体、岩脚—南信河矿段的Ⅱ－①号矿体、山南的Ⅳ号矿体和 2012 年在向阳山矿段 1300 中段新发现的 2－1 号

"筒状"矿体，占探明储量的80%以上，矿体特征见表4－2。

表4－2　官房铜矿主要矿体特征

矿体编号	形态	产状	长度/m	平均厚/m	延深/m	平均品位		控矿要素
		倾向∠倾角				$w_{Cu}/10^{-2}$	$w_{Pb}/10^{-2}$	
Ⅰ－①	"楼梯"状	60°∠75°	220	12.25	>240	1.65	0.95	破碎带、岩性
Ⅰ－②	脉状	57°∠70°	200	3.5	110	1.47	1.35	破碎带
Ⅰ－③	透镜状	310°∠65°	130	20	90	0.84	0.35	破碎、节理带
Ⅱ－①	脉状	215°∠60°	260	4	140	0.94	0.67	破碎带
Ⅱ－⑧	脉状	235°∠68°	150	3	125	2.61	0.34	破碎带
Ⅳ	脉状	40°∠72°	310	3	120	1.24	1.15	破碎带

官房铜矿矿体主要包括四种类型。

第一种类型的矿体主要分布在向阳山矿段隐伏闪长岩体的东南侧，以Ⅰ号矿体群最为典型。从平面上看呈透镜状，剖面上看似"梯状"，有明显的多层性，层数少则三四层，多则十余层，层距大小不一，小则二三米，大则数十米，与火山岩喷发旋回小韵律有明显的相关性。由为数众多的小矿体组成一个产状陡倾的大矿体，倾角为75°～85°，严格受高角度压扭性断裂破碎带和小定西组火山岩喷发小旋回岩性控制。矿体的每一个"梯级"都相当于一个小矿体，这种小矿体与火山岩层序一致，多为顺层产出，产状较缓，倾角一般为10°～30°，呈似层状、透镜状和扁豆状，一般厚2～15 m，长40～350 m。矿体与围岩为渐变接触关系，矿体走向总体上与控矿断裂破碎带的走向一致，明显受到控矿构造的制约。

此类型矿体规模大，品位高，为官房铜矿目前所发现的最重要的一种矿体类型。矿石类型较简单，金属矿物主要由斑铜矿、黄铜矿、方铅矿和黄铁矿组成，颗粒较粗，呈浸染状或细脉状赋存于小定西组紫红色或紫灰色气孔杏仁玄武岩中，成矿作用以交代作用为主。矿石类型和蚀变类型水平和垂直分带特征清晰，蚀变以黄铁矿化、退色化、碳酸盐化和绿泥石化为特征，细脉状硅化不发育。

第二种类型的矿体产状陡倾，严格受张性断裂破碎带控制，在平面和剖面上均表现为由互不连续的透镜状小矿体群组成。矿体厚度不大，通常为1～5 m，延深一般小于150 m。矿石类型简单，规模不太大，平面和剖面上的分带特征不明显，金属矿物主要由黄铜矿、斑铜矿和方铅矿组成，品位跳跃大，局部可以形成品位极高的富矿囊，总体品位高。金属矿物呈浸染状、细脉状或角砾状赋存于断裂破碎带及上下盘小定西组玄武岩中，颗粒较粗，成矿作用以充填作用为主。蚀变以碳酸盐化、绿泥石化为主，黄铁矿化、退色化和硅化均不太发育，蚀变强度和蚀变范围远不如第一种类型，矿体主要分布在隐伏闪长岩体的外围和上部。

第三种类型的矿体为石英脉型铜铅矿体，其突出表现是石英脉特别发育。矿体严格受断裂破碎带控制，形态简单，产状陡倾，成板状或透镜状产出，与围岩接触界线清晰。矿石类型简单，由黄铜矿、斑铜矿和方铅矿组成，赋存于石英脉或玄武质断层角砾岩的胶结物中，矿石品位一般较低且变化系数大，但局部有品位特富的次生富集带。蚀变以硅化、绿泥石化、碳酸盐化为主，黄铁矿化不太发育，蚀变强度和蚀变范围也不如第一种类型。

第四种类型的铜矿体于2012年在向阳山矿段1300中段通过坑内钻发现，属于空白区重大找矿突破。矿体位于隐伏岩体的北侧，北东向 F_1 和北西向 F_0 二条高角度压扭性控矿断裂在此相交，在1300中段的北边形成了一个规模较大，硅化强烈、石英脉广泛发育、以细粒薄膜状斑铜矿为其鲜明特征的2－1号“筒状”矿体（图版Ⅴ－7）。“筒状”矿体在平面上大致成椭圆形，长轴长六七十米，短轴长四五十米。矿体产状稳定，连续性好，倾向北西，倾角近65°，该矿体向上控制标高为1338 m左右，向下已控制到1266中段。与其他类型矿体显著不同的是：一是矿化以细粒薄膜状斑铜矿为主，黄铁矿化蚀变基本不发育，显示出富铜贫铁特征；二是产状形态为“筒”形，同时受交汇的两条主干控矿压扭性断裂控制；三是具角砾构造的矿石比例大，角砾为铜矿石，胶结物多为后期形成的形态不规则的乳白色石英，且胶结物基本不含矿。

除此之外，官房铜矿还发现有许多独立的铅矿体，主要有两种类型。一种呈脉状，为破碎带或裂隙带所控制，一般规模不大，但品位较高，最高可达55%；另一种类型分布在铜矿体的外带，呈浸染状产出，规模较大，但品位较低，铅含量一般在2%左右。两种类型的铅矿体基本不含银。

第一种类型矿体以向阳山矿段的Ⅰ号矿体群为典型。过去由于勘探深度有限，一直认为该矿体为与印支期火山热液有关的顺层发育的层控型“鸡窝”矿，现已证实其实际上为一严格受北西向高角度压扭性断裂破碎带和火山岩岩性控制，总体上陡倾，在走向和倾向上均成规模的富大矿体。矿体分布在断裂破碎带 F_0 的两侧，展布方向大体与破碎带一致，平面上呈透镜状，剖面上呈陡倾斜的“层楼结构”。在靠近断裂破碎带的小定西组基性火山岩中，在每一次火山喷发旋回小韵律顶部高渗透性的紫红色气孔杏仁玄武岩矿化较好，构成一个近乎水平的楼梯级；在火山喷发旋回的中下部青灰色致密块玄武质熔岩矿化较差或无矿化，如果构造叠加较强，则矿化亦强且脉状矿体发育。由于火山喷发旋回的多期次性，决定了可能成为有利容矿空间的高渗透性气孔杏仁熔岩的多层性，因而导致了矿体的多层性。但从总体上看，矿体仍是陡倾斜的，并严格受高角度断裂破碎带的制约。很显然，矿体形成的时间明显晚于火山岩的成岩时间。

第二种类型矿体以山南矿段的Ⅳ号矿体为典型；第三种类型矿体以岩脚—南信河矿段的Ⅱ-①号矿体为代表。

总体看，矿体的空间分布和赋存部位有如下特征：

(1)官房铜矿向阳山矿段存在隐伏的闪长岩体或古火山机构。该矿段已发现的成规模的铜矿体均大致围绕岩体分布，受切穿岩体或在岩体附近的北西向 F_0 和北东向 F_1 高角度压扭性断裂及其次生小断裂控制。

(2)铜矿体受断裂破碎带控制特征明显，断裂破碎带为最重要的导矿构造和重要的储矿构造。

(3)铜矿体规模越大，其在平面和剖面上的蚀变矿化分带特征也越明显。

(4)矿体多呈透镜状、似层状、囊状和陡倾脉状。在第一种类型矿体中，每个大矿体都由多个小矿体组成，在平面上呈一定斜列式排列的矿体群形式出现，在剖面上则形成类似的“梯级”。第二、三种类型矿体形态总体上较为简单，但也为多个透镜状或囊状小矿体组成，矿体尖灭再现现象普遍。

(5)矿区除了上述四种类型矿体外，还有一种赋存于青灰色致密块状玄武岩中的浸染状矿体，斑铜矿、黄铜矿和方铅矿等金属矿物呈浸染状分布，颗粒细小，矿体与围岩成渐变接触关系，岩石硅化强烈，在地表形成明显的正地形，矿石品位相对较低，但因离地表近，常常形成次生富集带。这种矿体以“小铜山”(Ⅰ-③号矿体)为典型。矿体通常位于断裂破碎带的一侧，呈一个个的透镜体断续展布，方向大致平行于破碎带走向，这种类型矿体的形成与断裂形成时产生的次级破碎带和密集的节理裂隙带有关。

(6)在第一种类型矿体中，如果顶板围岩为厚层状的凝灰岩，凝灰岩的屏蔽作用有利于矿液集中，因此在离破碎带不远处通常可形成顶底板都近似水平的品位特富的“矿囊”

(7)控矿断裂破碎带产状突变处(即由陡变缓或由缓变陡)，裂隙带、层间滑动带与断裂破碎带的交汇处，两组或多组小断裂的交汇处均有利于成矿热液的汇聚和沉淀，往往能形成规模较大的矿体。

(8)在官房铜矿向阳山矿段1090中段已发现赋存于位于火山喷发旋回间隙期形成的玄武质沉积角砾岩中的铜矿体，品位富，角砾岩中角砾磨圆度较好，黄铜矿和斑铜矿作为胶结物充填其中，交代作用强烈，退色化蚀变作用发育(图版Ⅴ-8)。很显然，位于控矿断裂附近的层状的沉积角砾岩是一种良好的容矿空间，这种新类型的铜矿体成矿潜力如何，目前正在控制和探究中。

4.4.4 矿石类型划分

官房铜矿的矿石类型总体上可分为氧化矿石和原生矿石。氧化矿石金属矿物组合主要为孔雀石、硅孔雀石、蓝铜矿、铜蓝、斑铜矿和辉铜矿，原生矿石又可根据金属矿物组合细分为如下几种自然类型：斑铜矿矿石、斑铜矿 - 黄铜矿矿石、斑铜矿 - 黄铜矿 - 方铅矿矿石、黄铜矿 - 斑铜矿矿石、黄铜矿矿石、黄铜矿 - 黄铁矿矿石、黄铁矿 - 方铅矿矿石、方铅矿矿石。矿石类型无论是在平面上还是在剖面上都显示一定的分带特征。在向阳山矿段，Ⅰ号矿体群在 1530 m 标高以上矿石以斑铜矿为主，1530 m 标高以下则过渡为以黄铜矿为主。

矿石类型还可以根据赋矿石的不同进行比较通俗的划分：将赋存于紫红色气孔杏仁玄武岩中的浸染状矿石称为“红矿”；将赋存于青灰色致密块状玄武岩中的细脉状矿石称为“脉矿”；将赋存于青灰色致密块状玄武岩中的浸染状矿石称为“灰矿”；将赋存于石英脉中的铜矿石称为“白矿”。

4.4.5 矿石中矿物特征

官房铜矿床矿石矿物类型较为复杂，矿石中矿物多达 20 余种，金属矿物主要有黄铜矿、斑铜矿、黄铁矿、方铅矿，其次为孔雀石、硅孔雀石、自然铜、赤铁矿，铜蓝、辉铜矿、磁铁矿、碲银矿、辉银矿等，非金属矿物主要由斜长石、绿泥石、石英、方解石组成，含少量辉石、绿帘石和沸石等。铜矿物中均富银，含金量很低。

主要金属矿物特征如下：

黄铜矿：为矿石中主要硫化铜矿物，是矿床中含量最多的金属硫化物，呈暗铜黄色，金属光泽，镜下反射色呈亮黄色，反射率为 47%，弱非均质体。黄铜矿分布不均匀，多呈他形粒状，一般粒度为 0.005 ~ 0.3，最小的小于 0.005 mm，最大粒度 0.7 ~ 1 mm。它的产出方式有浸染状和细脉状两种形式。呈浸染状的黄铜矿见有充填于岩石空隙中、填于斑铜矿空隙中、长于斑铜矿的边缘、沿黄铁矿粒充填包裹交代黄铁矿；偶见于辉铜矿的空隙中。呈细脉状产出的，其脉宽，大的宽有 4 ~ 5 mm，长 25 mm，小的脉宽 1 mm，还有更细的。常见有黄铜矿呈细脉状分布于黄铁矿晶体中的，说明其形成晚于黄铁矿。

黄铜矿与斑铜矿关系密切，黄铜矿呈微粒状分布于斑铜矿中，属固熔体分离物。总体特征是黄铜矿与斑铜矿、方铅矿、辉铜矿相互包裹、毗连相镶，与脉石矿物长石、辉石及硅质等紧密伴生，含量 1% ~ 10%。

斑铜矿：为矿石中仅次于黄铜矿的主要硫化铜矿物，呈暗铜（棕）红色，金属光泽，镜下反射色呈玫瑰红色，其反射率为 21%，均质体或弱非均质体。多呈他形粒状，一般粒度 0.005 ~ 0.2 mm，最大粒度 0.5 mm，最小粒度小于 0.005 mm。主要呈浸染状嵌布于斑状、杏仁状玄武岩中。呈浸染状的斑铜矿充填于岩石空隙中或脉石的粒间隙中，也有呈细脉状的，个别斑铜矿由于压力作用而出现揉皱状。此外，在方铅矿的边缘见有斑铜矿的分布，或被包于方铅矿中，说明方铅矿形成晚于斑铜矿。斑铜矿与黄铜矿、方铅矿、辉铜矿、铜蓝等矿物相互包裹、毗连镶嵌，含量1% ~9%。

方铅矿：呈铅灰色，强金属光泽，立方体解理，镜下反射色为亮灰白色，反射率为43%，晶体中常见有黑色三角坑，均质体。方铅矿产出有浸染状的和细脉状的，还见有分布于黄铜矿边缘或被包于黄铜矿中的。浸染状方铅矿，呈微粒状(粒径 <0.1 mm)，分布于脉石矿物的粒间隙中，或填于黄铜矿、斑铜矿、黄铁矿的空隙中，这些特征都说明了方铅矿的形成时代晚于含铜硫化矿物。细脉状方铅矿，沿裂隙充填，有的呈脊柱状，还见有与辉铜矿组成的细脉，含量为1% ~10%。

黄铁矿：该矿物是各类矿石和围岩中常见的矿物。呈自形－半自形晶，大多数为微粒状(粒径 <0.1 mm)呈稠密浸染状，其晶形以立方体为主，五角十二面体的少，同时也有细脉状黄铁矿，还有细粒状黄铁矿常聚集在一起。黄铁矿的反射率为53%，均质。在矿区黄铁矿有三种不同的赋存形式，一是呈星散状、浸染状分布在矿体附近的气爆角砾岩的胶结物中和强蚀变带中，岩石松散并且基本不含铜，黄铁矿结晶细小，含量为3% ~10%，此种类型的黄铁矿为重要的找矿标志。二是呈脉状、细脉状产出，黄铁矿晶粒粗大，结晶较好，主要分布在破碎带附近的节理带中。三是呈星散状、浸染状与黄铜矿共生，分布在矿体的外围，黄铁矿结晶细小，含量为2% ~5%。

孔雀石：为矿石中主要氧化铜矿物，呈薄膜状、云雾状、纤维状、他形粒状嵌布于玄武岩的节理、裂隙中，有时呈细脉状与黄铜矿、斑铜矿、赤铁矿、斜长石等伴生，并包裹脉石矿物。

硅孔雀石：为矿石中另一种主要氧化铜矿物，呈隐晶－显微鳞片状集合体，主要分布于岩石裂隙及气孔空洞中，与孔雀石、黄铜矿、斑铜矿等共生。

铜蓝：矿物量少，呈叶片状、鳞片状集合体，与斑铜矿、黄铜矿共生，有少量铜蓝沿黄铜矿、斑铜矿边缘及裂隙交代。

辉铜矿：矿物含量少，与斑铜矿、黄铜矿、方铅矿毗邻镶嵌，有的包裹斑铜矿，粒度0.01 ~0.05 mm，与脉石矿物斜长石、石英、绿泥石紧密伴生。

主要非金属矿物特征如下：

斜长石：矿石中含量达64% ~80%，常被钠长石交代，局部有轻微黏土化及黝帘石化、绢云母化、碳酸盐化。

绿泥石：主要呈隐晶质分布于长石晶粒间或充填于玄武岩气孔空洞中，另一种分内布在压扭性断裂及附近的节理面上，呈细脉状、纤维状、片状和薄膜状产出，含量为5% ~11%。

绿帘石：呈微粒状，少量呈细脉状充填于气孔及裂隙中，常与石英共生。

石英、方解石、辉石和绢云母：呈他形粒状、显微鳞片状嵌布于矿物颗粒间。

4.4.6 矿物生成顺序

根据矿物的共生组合、穿插关系和生成顺序等特征，将矿床的成矿过程划分为热液期和表生期，热液期与岩浆活动密切相关。热液期大致可分为两期，从而形成向阳山矿段和山南矿段两种类型完全不同的矿体。矿石中矿物的生成顺序大致为：石英、绿泥石、方解石、黄铁矿→黄铜矿、斑铜矿、辉铜矿→方铅矿→孔雀石、铜蓝、自然铜、赤铁矿，其中石英和方解石在矿化晚期也有生成。

4.4.7 矿石的结构构造

(1)矿石结构

矿石的主要结构有他形粒状结构、自形－半自形结构、溶蚀结构、反应边结构和包裹结构等。

①他形粒状结构：为主要矿石结构，黄铜矿、斑铜矿、辉铜矿呈他形粒状嵌布于玄武岩中(图版Ⅲ－5)。

②自形－半自形结构：方铅矿呈立方体半自形晶、黄铁矿呈五角十二面体自形晶分布在蚀变玄武岩或裂隙带中。

③溶蚀结构：常见辉铜矿、黄铜矿溶蚀交代黄铁矿。

④反应边结构：常见辉铜矿沿斑铜矿边界交代溶蚀。

⑤交代结构：早生成的矿物被晚生成的矿物交代溶蚀成残余结构、骸晶结构。如黄铁矿被后期的黄铜矿、斑铜矿交代，斑铜矿沿黄铜矿边缘交代等。

⑥包裹结构：黄铜矿、斑铜矿、孔雀石、铜蓝、辉铜矿和方铅矿相互包裹，毗连镶布，黄铜矿包裹脉石矿物长石、石英及黄铁矿产出。

(2)矿石构造

矿石构造主要有浸染状、星点状、细脉状、块状、杏仁状、气孔状和角砾状构造。

①细脉状构造：细脉状构造主要由黄铜矿、斑铜矿、黄铁矿呈细脉状出现在断裂附近的节理带上(图4－3；图版Ⅳ－6)。

②浸染状构造：浸染状构造为本区主要矿石构造，常见黄铜矿、斑铜矿、方铅矿、黄铁矿、辉铜矿等弥漫于蚀变玄武岩中(图版Ⅳ－7)。

③气孔杏仁状构造：常见方铅矿、黄铁矿、斑铜矿和黄铜矿等充填在玄武岩气孔中，以方铅矿为主(图版Ⅳ－8)。

④块状构造：常见富铜矿石(一般矿物以斑铜矿或者孔雀石为主)形成均一块状，数量少，一般出现在标高较高位置，受充填作用或者次生富集作用控制。

⑤角砾状构造：角砾状构造可分为两种，一种是由断裂构造引起的角砾状构造，角砾棱角分明，可拼合性好，铜矿物一般以胶结物的形式出现(图版Ⅳ－5)；

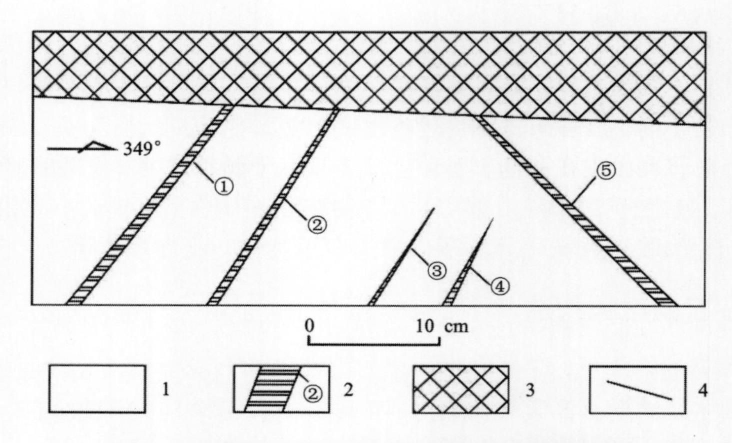

图 4-3　向阳山矿段 1576 中段细脉状矿体素描图

1—青灰色致密块状玄武岩；2—斑铜矿和黄铜矿矿脉及编号；3—赋存在紫红色气孔杏仁玄武岩的浸染状矿体；4—火山岩岩性分界线

另一种是由热液引起，角砾有较好的磨圆度，边部有明显的褪色化蚀变，角砾一般呈原岩的紫红色，胶结物则蚀变为浅灰色、灰白色和灰绿色，与角砾颜色有明显的差异；角砾和胶结物都有铜矿化，但胶结物中的矿化一般强于角砾的矿化，反映了气液上升过程中的隐爆蚀变作用和成矿的多期次性(图版Ⅳ-4)。

4.4.8　围岩蚀变特征

官房铜矿的铜银矿化伴有较强烈的蚀变，主要蚀变类型包括硅化、黄铁矿化、碳酸盐化、绿帘石化、绿泥石化和绢云母化等。

硅化与成矿关系密切，发育广泛。硅化分为两类，一类为微细粒柱状石英(粒径 <0.2 mm)充填交代火山碎屑，含量为2%~10%；另一类表现为破碎带及节理带中广泛产出的石英细脉(图版Ⅰ-6)。前者可能表现为一种中温热液蚀变特征，形成温度较高，后者的形成温度较低。

黄铁矿化是本区另一种重要的热液蚀变，与成矿关系密切。黄铁矿化常在围岩、隐爆角砾岩胶结物和矿体中呈浸染状产出，粒度一般为0.005~0.1 mm。从矿体内部向外，常表现出黄铁矿+黄铜矿→黄铁矿或黄铜矿→黄铁矿的分带特征。

碳酸盐化主要表现为在基性火山岩中形成方解石团块及网脉，在断裂和节理裂隙中的方解石细脉，为岩浆和构造热液活动的产物，伴有铜矿化，与成矿关系密切。

绿泥石化在矿区基性火山岩中广泛分布，但在铜矿体及周边围岩中更为发育，在铜矿体中的绿泥石一般赋存于基性火山岩的杏仁中，呈粒状、浸染状分布；在矿体周边的围岩中绿泥石一般赋存于玄武岩的节理裂隙中，受岩石剪应力的影响，绿泥石多为薄膜状、纤维状和片状。

绿帘石化在矿区主要赋存于基性火山岩的破碎带、节理裂隙中，多呈脉状、细脉状，常与石英伴生在一起，也有绿帘石赋存于铜矿体中，与斑铜矿相伴生。

绢云母化也是矿区常见的蚀变类型，由热液作用引起，主要表现形式为绢云母交代斜长石，常和黄铁矿化、硅化蚀变一起组成“黄铁绢英岩”，与成矿关系密切。

退色化蚀变在官房铜矿发育也极为普遍。紫红色、紫灰色和青灰色玄武岩原岩在热液流体的作用下，交代作用导致暗色铁镁部分或全部破坏分解流失，新形成的碳酸盐、云母等浅色矿物使岩石颜色明显变浅变松散，色调大多呈灰白色。如果交代蚀变作用不彻底，会有较多的紫红色或青灰色玄武岩原岩角砾残留，形成交代角砾岩。

4.4.9　矿化蚀变和富集分带特征

官房铜矿的矿化蚀变分带在向阳山矿段Ⅰ－①号矿体表现得最为典型。矿化类型在剖面上从上到下表现为孔雀石＋铜蓝＋斑铜矿＋辉铜矿→斑铜矿→斑铜矿＋黄铜矿→黄铜矿的过渡变化垂直分带；在平面上从矿体中心到外围上部表现为斑铜矿＋黄铜矿＋辉铜矿→方铅矿＋黄铁矿（图 4－4），下部表现为黄铜矿＋黄铁矿→黄铁矿＋方铅矿过渡变化的水平分带（图 4－5）。

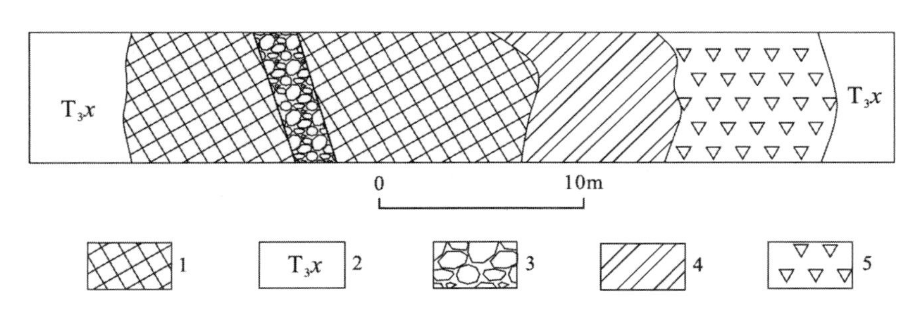

图 4－4　向阳山矿段 1576 中段 5#穿脉剖面素描图

1—以斑铜矿为主的铜矿体（Cu 平均品位为 1.64%；Ag 平均品位为 47 g/t）；2—小定西组基性火山岩围岩；3—断裂破碎带（含 Cu，Cu 平均品位为 1.24%）；4—铜铅矿体（Cu 平均品位为 0.35%；Pb 平均品位为 1.30%）；5—角砾状黄铁矿化蚀变（黄铁矿主要赋存在胶结物中，Cu 平均品位为 0.16%）

在剖面上铜的富集分带特征明显，从矿体上部以斑铜矿为主的矿石类型向下过渡为以黄铜矿为主的矿石类型，矿石铜品位平均下降 0.2%～0.5%，银品位也

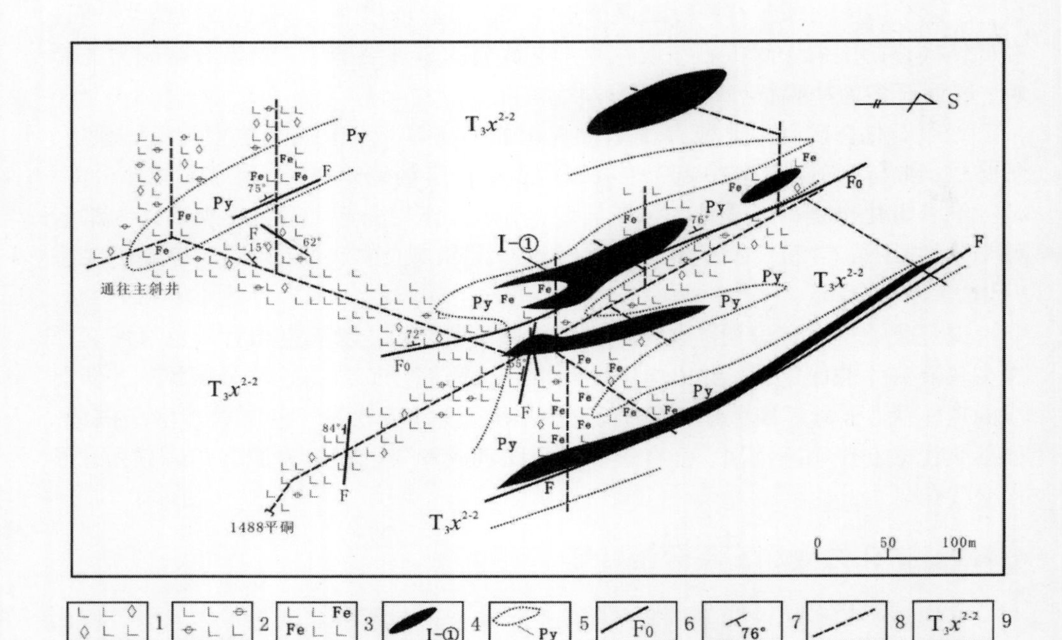

图 4-5 官房铜矿向阳山矿段 1488 中段地质平面图

1—碳酸盐化玄武岩；2—绿泥石化玄武岩；3—黄铁矿化玄武岩；4—铜矿体及编号；5—黄铁矿化蚀变带；6—断层破碎带及编号；7—断层产状；8—坑道工程；9—小定西组第二段第二亚段

相应地下降 8 ~ 15 g/t。铜的富集除了与矿石类型有关外，还与多种因素有关：

(1) 与控矿破碎带旁侧基性火山熔岩喷发旋回顶部气孔杏仁发育程度有关，气孔杏仁越发育则品位越高。

(2) 次生富集作用可以形成品位特富的以孔雀石、斑铜矿或辉铜矿为主的囊状矿体，但矿体规模一般不大。

(3) 多组不同方向的小断裂的交汇，小断裂与层间滑动破碎带的交汇，基性火山岩中节理裂隙的大量发育，均有利于矿液贯入和沉淀，容易形成高品位铜矿石。

(4) 多期次成矿作用的叠加有利于形成富铜矿，成矿构造和成矿流体的多期次活动，每次成矿作用都会造成金属沉淀作用的叠加，为形成富铜富银矿石创造了有利的成矿条件。

蚀变的垂直分带表现明显，矿体上部以硅化为主，黄铁矿化不是特别发育，下部则以黄铁矿化异常发育为特征，硅化强度不及上部。绿泥石化、绿帘石化和碳酸盐化从目前可控制的部分看，从上到下变化趋势不明显，都非常发育。

4.4.10　伴生银的赋存状态

官房铜矿除含铜外，还伴生有丰富的银元素，最高银品位可达1306 g/t(滑坡体打块样，以斑铜矿为主的矿石)，一般为20～80 g/t。银主要以独立矿物碲银矿的形式呈乳滴状包裹于斑铜矿和黄铜矿中，少量以类质同象存在于铜矿物中。总体上看，官房铜矿矿体上部以斑铜矿为主的铜矿石类型中的银含量比矿体下部以黄铜矿为主的铜矿石类型要高，矿石银含量的分布范围与矿石类型的分带特征是一致的，这也与斑铜矿单矿物的银含量要高于黄铜矿单矿物的事实相吻合。根据表4－2计算出的铜银相关系数为0.9277，表明银含量与铜含量高度正相关。

表4－2　官房铜多金属矿向阳山矿段样品铜银元素化学分析结果

$w_{Cu}/\%$，$w_{Ag}/10^{-6}$

取样中段	样号	Cu	Ag	取样中段	样号	Cu	Ag
1436	1#	0.58	24.8	1436	1#	0.58	24.8
1436	2#	1.86	51	1436	2#	1.86	51
1436	3#	1.14	67.9	1436	3#	1.14	67.9
1436	4#	0.38	25.8	1436	4#	0.38	25.8
1488	A1	4.52	180.7	1488	A1	4.52	180.7
1488	A2	2.57	47.2	1488	A2	2.57	47.2
1488	A3	2.33	47.6	1488	A3	2.33	47.6
1488	A4	2.44	26.5	1488	A4	2.44	26.5
1488	A5	1.73	12	1488	A5	1.73	12
1488	A6	1.8	39.8	1488	A6	1.8	39.8
1488	A7	1.21	11.4	1488	A7	1.21	11.4
1488	A8	1.75	10.5	1488	A8	1.75	10.5
1488	A9	0.31	1.5	1488	A9	0.31	1.5
1488	A10	1.39	68.8	1488	A10	1.39	68.8
1488	A11	0.18	0.7	1488	A11	0.18	0.7
1488	A12	1.07	4.1	1488	A12	1.07	4.1
1488	A13	2.82	108.6	1488	A13	2.82	108.6

续表 4-2

取样中段	样号	Cu	Ag	取样中段	样号	Cu	Ag
1488	A14	0.86	29.8	1488	A14	0.86	29.8
1488	A15	1.01	33.7	1488	A15	1.01	33.7
1488	A16	0.64	20	1488	A16	0.64	20
1488	A17	0.72	14.4	1488	A17	0.72	14.4
1488	A18	0.15	7.6	1488	A18	0.15	7.6
1488	A19	1.86	41.4	1488	A19	1.86	41.4
1488	A19	0.24	7.3	1488	A19	0.24	7.3
1488	A20	2.39	33	1488	A20	2.39	33

刘德利等(2008)通过电子探针和扫描电镜能谱分析，查明了矿石中银的赋存形式主要有2种：①独立银矿物；②以类质同象存在于矿物中，即Ag以离子置换的方式进入矿物晶格中。

以独立矿物形式存在的银，现已查明的为碲银矿和辉银矿。碲银矿呈乳滴状包裹于斑铜矿和黄铜矿中，与铜矿物同时或稍晚晶出；黄铁矿中发现有极少量的辉银矿包裹体；还发现在矿物颗粒间及斑铜矿表面，存在纳米级至微米级的含银独立矿物辉银矿。这些特征说明辉银矿形成于铜矿化的晚期阶段。

以类质同象形式产出的银，分布于硫化铜矿物(斑铜矿和黄铜矿)的晶格内，特别是在斑铜矿中，银的平均含量超过1%。

官房铜矿床内的银大部分呈类质同象赋存在铜矿物中，可在选冶过程中综合回收，其中，斑铜矿和黄铜矿是最重要的载银矿物。铜矿石中Ag与Cu呈明显正相关关系，说明矿石的银含量取决于寄主矿物斑铜矿和黄铜矿的含量。另一部分银呈独立矿物产出，但因其粒度细小，含量低微，不是官房铜矿床内银的主要赋存状态。

与多数矿床以方铅矿为主要载银矿物不同的是，官房铜矿床的方铅矿并不含Ag，这主要是因为方铅矿的形成阶段和含银铜矿物的形成阶段与热液流体演化期次不同有关。官房铜矿床中，方铅矿是晚期成矿产物，与铜矿体的边部、外围及上部所出现的退色化一样，都形成于含银铜矿物之后。方铅矿以伴生矿物的形式出现，其本身未能构成矿体，只能作为找铜的标志矿物。热液中的银主要在铜矿物结晶时就已沉淀，到方铅矿形成时，热液中的银已微乎其微，此时所形成的方铅矿中，已无银的存在。

第 5 章　官房铜矿地球化学特征和成矿模式

5.1　岩矿石地球化学

5.1.1　常量元素

表 5 - 1 所列为官房铜矿向阳山矿段和山南矿段主要容矿岩石、围岩和矿石的岩石化学分析数据。主要容矿岩石小定西组基性火山岩基本上处在 Irvine 分界线的上方，大部分投点都落在高钾玄武岩、粒玄岩、钾玄岩区，为高钾钙碱 - 钾玄岩系列；忙怀组流纹质火山岩具有高硅、高钾、低钛、中等 Al_2O_3、$w(CaO) < 1\%$、$w(Na_2O + K_2O) < 8\%$（平均为 5.78%），但 $w(K_2O) > w(Na_2O)$之特征，属于弱碱质流纹岩中的钾质流纹岩，为钙碱性系列。有关矿区中晚三叠世火山岩的特征已在本书的第二章进行过详细的讨论，此处就不再赘述。

浸染状矿石主要以小定西组基性火山岩为容矿岩石，其常量元素特征表现为与基性岩近似，矿石的主要化学成分为 SiO_2 和 Al_2O_3。矿石中的 TFe 与围岩非常接近，但 FeO 的含量远远大于 Fe_2O_3，说明矿石中的铁基本上是以二价铁的形式存在于黄铜矿、斑铜矿和黄铁矿中，围岩中总体上 Fe_2O_3的含量大于 FeO 的含量。除此之外，矿石中 CaO、MgO、K_2O、Na_2O、TiO_2、P_2O_5和 MnO 含量与围岩十分接近，没有明显的富集或亏损特征。

石英脉型矿石特征与浸染状矿石明显不同，表现为富硅，SiO_2含量在 80% 左右；低 Al_2O_3（平均为 6.12%）和 MgO（平均为 2.41%）及贫钛（平均为 0.49%）。

5.1.2　稀土元素和微量元素

表 5 - 2 至表 5 - 5 所列为矿区主要岩矿石的稀土元素和微量元素分析数据。图 5 - 1 和图 5 - 2 分别为主要岩矿石的稀土元素配分型式图和微量元素蛛网图。忙怀组流纹质火山岩的 $\sum w(REE)$ 平均为 276.85×10^{-6}，富集轻稀土元素，强 Eu 负异常，微量元素在原始地幔标准化图解上显示出以 K、Rb、Ba、Th 强烈富集，而 Ti、P 明显亏损为特征；小定西组基性火山岩的 $\sum w(REE)$ 平均为 173.81×10^{-6}，δEu 接近 1，稀土配分型式为轻度富集轻稀土，缓右倾斜 - 平坦型。微量元素配分型式以 K、Rb、Ba、Th 强烈富集，Ti、Y、Yb、Cr 则明显亏损为特征。

表 5-1 官房铜矿主要岩矿石岩石化学成分

w_B/%

样号	岩性	SiO_2	Al_2O_3	Fe_2O_3	FeO	CaO	MgO	K_2O	Na_2O	TiO_2	P_2O_5	MnO	灼失	CO_2	Total
935-1	玄武质凝灰岩	52.39	16.64	8.27	1.38	2.92	4.60	3.30	5.86	1.29	0.44	0.18	2.26	0.22	99.75
935-2	辉斑玄武岩	52.99	16.60	5.62	2.57	2.84	4.93	5.46	3.93	1.09	0.40	0.29	2.80	0.27	99.79
1300-1	辉斑玄武岩	50.63	16.99	3.46	5.56	6.16	5.55	2.52	3.14	1.32	0.36	0.30	3.50	0.72	100.21
1300-3	辉绿岩	57.33	17.20	2.46	4.48	5.76	3.46	2.16	3.72	1.00	0.24	0.11	2.20	0.10	100.22
1420-1	粗玄岩	52.01	16.93	3.61	4.22	2.47	6.36	4.14	4.19	1.08	0.29	0.20	4.34	0.79	100.63
1530-1	辉斑玄武岩	52.66	16.53	6.08	3.14	2.40	5.13	2.06	6.02	1.30	0.46	0.11	3.57	0.35	99.81
1576-1	钾玄岩	53.45	16.48	4.97	4.15	7.34	4.45	1.58	3.25	1.34	0.55	0.15	2.65	0.05	100.42
1600-1	钾玄岩	52.93	16.27	6.36	3.26	6.24	4.27	2.58	3.65	1.28	0.54	0.32	2.38	0.19	100.26
1626-1	钾玄岩	53.35	16.05	4.65	4.14	4.92	4.42	2.50	4.97	1.25	0.54	0.21	2.94	0.44	100.38
SN-9	石英脉型矿石	80.92	6.82	2.68	2.01	1.58	0.40	0.68	2.89	0.54	0.24	0.05	0.85	0.24	99.90
SN-10	石英脉型矿石	83.62	5.42	0.47	3.18	1.15	0.63	0.81	1.96	0.44	0.20	0.06	0.96	0.14	99.04
1530-6	浸染状矿石	52.07	15.29	0.53	8.04	2.30	4.99	1.19	5.98	1.24	0.48	0.14	4.34	0.33	96.92
1576-5	块状矿石	46.73	13.90	0	9.70	2.59	2.78	2.28	5.27	1.12	0.49	0.15	3.08	0.08	88.17
XTS-6	浸染状矿石	52.09	14.42	0.13	4.80	6.61	1.99	4.52	4.66	0.88	0.25	0.10	5.20	4.79	100.44
YBS-2	流纹质火山岩	79.07	10.62	1.06	0.85	0.20	0.34	3.49	2.02	0.13	0.04	0.03	1.76	0.37	99.98
YBS-3	流纹质火山岩	71.35	14.80	1.34	1.58	0.66	0.70	4.26	1.87	0.16	0.04	0.03	3.28	1.06	101.13

测试单位：湖北宜昌地质矿产研究所

表5-2 官房铜矿岩矿石稀土元素含量 $w_B/10^{-6}$

№	样号	La	Ce	Pr	Nd	Sm	Eu	Gd	Tb	Dy	Ho	Er	Tm	Yb	Lu	Y
1	SN-9	8.94	18.9	2.73	11.6	2.24	0.79	2.02	0.34	1.96	0.31	0.97	0.12	0.99	0.12	7.70
2	SN-10	6.76	13.9	1.91	8.96	1.79	0.57	1.77	0.28	1.67	0.35	0.87	0.12	0.98	0.10	6.98
3	1530-6	33.7	59.5	7.18	33.7	6.82	1.96	5.66	0.91	5.48	0.99	2.80	0.40	2.50	0.36	26.5
4	1576-5	26.1	47.1	6.31	28.7	6.02	1.51	4.71	0.74	4.46	0.85	2.50	0.38	2.41	0.33	23.2
5	1576-1	38.6	67.8	8.34	33.2	7.76	1.76	6.02	0.94	5.34	1.09	3.11	0.48	2.83	0.39	27.8
6	1600-1	42.3	61.6	8.5	35.5	7.73	1.88	5.71	0.91	5.88	1.06	3.1	0.48	2.79	0.37	24.5
7	YBS-2	39.9	61.8	8.19	26.1	7.72	0.29	7.15	1.36	10.2	2.16	6.53	1	6.21	0.7	51.4
8	YBS-3	35.8	65.3	8.39	31.2	7.93	0.35	7.49	1.38	11	2.53	7.63	1.16	7.48	0.89	58.6
9	球粒陨石	0.30	0.84	0.12	0.58	0.21	0.07	0.32	0.05	0.31	0.07	0.21	0.03	0.17	0.03	1.80

注：由湖北宜昌地质矿产研究所分析测试，№1、2为山南矿段石英脉型铜矿石；№3、4为向阳山矿段浸染状铜矿石；№5、6为小定西组基性火山岩围岩；№7、8为忙怀组流纹质火山岩。

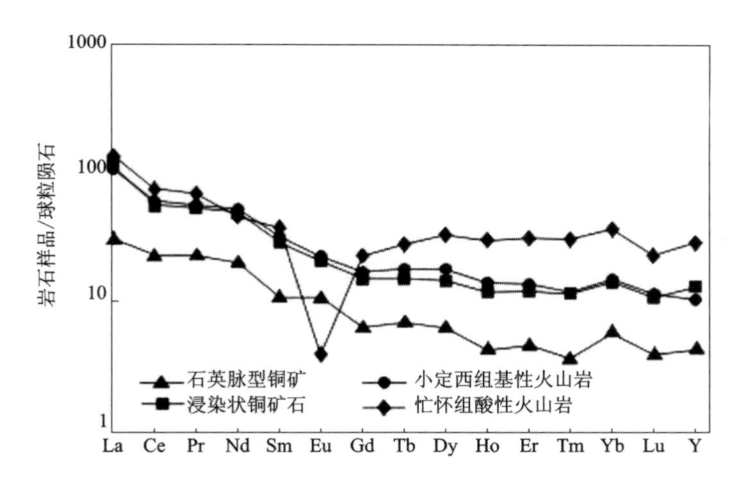

图5-1 官房铜矿岩矿石稀土元素球粒陨石标准化配分模式图

［球粒陨石数据据 Boynton（1984）］

分别选取不同矿化类型的矿石样品做稀土元素分析（表5-2），其中SN-9和SN-10为山南矿段的石英脉型铜矿石；1530-6和1576-5分别取自向阳山矿段赋存在基性火山岩中的1530中段稠密浸染状黄铜矿矿石和1576中段稠密浸染状斑铜矿矿石。

根据稀土元素特征值（表5-3）和稀土元素配分曲线（图5-1）分析表明：向阳山矿段浸染状铜矿石与山南矿段的石英脉型铜矿石的稀土元素特征值和配分型式曲线存在明显差异。

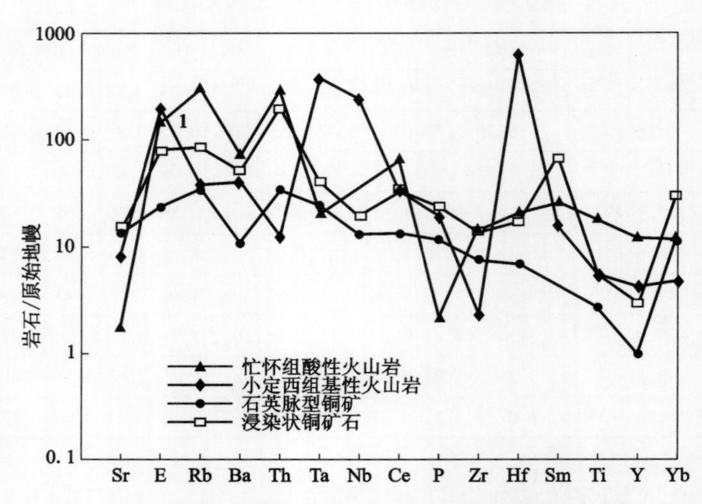

图 5-2 官房铜矿岩矿石原始地幔标准化微量元素蛛网图

[原始地幔数据据 McDonough et al.（1985）]

表 5-3 官房铜矿岩矿石稀土元素特征值

№	样号	$\sum w$ (REE)	$\sum w$ (HREE)	$\sum w$ (LREE)	w(LREE)/ w(HREE)	$(La/Yb)_N$	$(La/Sm)_N$	$(Gd/Yb)_N$	δCe	δEu
1	SN-9	59.73	14.53	45.20	3.11	5.12	2.79	1.08	0.86	1.26
2	SN-10	47.01	13.12	33.89	2.58	3.91	2.64	0.96	0.86	1.10
3	1530-6	188.46	45.60	142.86	3.13	7.64	3.46	1.20	0.82	1.06
4	1576-5	155.32	39.58	115.74	2.92	6.14	3.03	1.04	0.80	0.94
5	1576-1	205.46	157.46	48.00	3.28	7.73	3.48	1.13	0.81	0.85
6	1600-1	202.31	157.51	44.80	3.52	8.59	3.83	1.09	0.69	0.93
7	YBS-2	230.71	144.00	86.71	1.66	3.64	3.62	0.61	0.73	0.13
8	YBS-3	247.13	148.97	98.16	1.52	2.71	3.16	0.53	0.82	0.15

注：样号和岩性同表 5-2。

赋存于基性火山岩中浸染状矿石的 $\sum w$(REE) 为 $155.32\times10^{-6}\sim188.46\times10^{-6}$，与小定西组基性火山岩[$\sum w$(REE) 为 171.83×10^{-6}]近似；w(LREE)/w(HREE)为 2.92~3.13，$(La/Yb)_N$为 6.14~7.64，为较明显的轻稀土富集型，并存在明显的轻、重稀土分馏作用；$(La/Sm)_N$为 3.03~3.46，$(Gd/Yb)_N$为 1.04~1.20，说明轻稀土元素的分馏作用较重稀土元素明显；δEu 接近 1，无 Eu 异常；δCe 为 0.80~0.82，存在较明显的负 Ce 异常。总的看来赋存于小定西组基性火山岩中的浸染状矿石稀土元素特征与基性火山岩相似。

石英脉型铜矿石稀土总量比围岩和赋存在基性火山岩中的浸染状矿石低得多，$\sum w(\mathrm{REE})$平均仅为53.37×10^{-6}；$w(\mathrm{LREE})/w(\mathrm{HREE})$为2.58～3.11，$(\mathrm{La/Yb})_N$为3.91～5.12，富集轻稀土；$(\mathrm{La/Sm})_N$为2.64～2.79，$(\mathrm{Gd/Yb})_N$为0.96～1.08，说明轻稀土元素的分馏作用较重稀土元素明显；$\delta\mathrm{Eu}$为1.10～1.26，显示较明显的Eu正异常。

除此之外，还选取山南矿段石英脉型铜矿体中的方铅矿单矿物和向阳山矿段浸染状矿体中的黄铁矿单矿物做了稀土元素分析（表 5－4）。结果表明：黄铁矿和方铅矿稀土元素特征值和配分型式曲线非常类似。稀土总量$\sum w\mathrm{REE}$）为$3.08\sim4.465\times10^{-6}$，比小定西组基性火山岩低两个数量级；$w(\mathrm{LREE})/w(\mathrm{HREE})$为1.343～7.566，$(\mathrm{La/Yb})_N$为4.0～17.84，富集轻稀土且黄铁矿的轻稀土分馏作用比方铅矿强；$(\mathrm{La/Sm})_N$为3.21～4.96，$(\mathrm{Gd/Yb})_N$为1.13～1.77，说明轻稀土元素的分馏作用较重稀土元素明显；$\delta\mathrm{Eu}$为0.317～0.797，$\delta\mathrm{Ce}$为0.636～0.675，显示较明显的Eu和Ce的负异常。这些结果表明向阳山矿段铜银矿体的成矿物质和山南矿段成矿物质来源是一致的，是不同矿化期次的产物。

表 5－4　官房铜矿单矿物稀土元素数据表　　$w_B/10^{-6}$

样号	矿物	La	Ce	Pr	Nd	Sm	Eu	Gd	Tb	Dy	Ho	Er
D01	方铅矿	0.84	1.12	0.16	0.83	0.16	0.04	0.19	0.03	0.15	0.04	0.11
D02	方铅矿	0.55	0.67	0.081	0.38	0.12	0.03	0.18	0.029	0.16	0.035	0.098
D04	黄铁矿	0.85	1.11	0.13	0.5	0.12	0.01	0.09	0.013	0.031	0.013	0.029

样号	矿物	Tm	Yb	Lu	Y	∑REE	LR/HR	δCe	δEu	$(\mathrm{La/Yb})_N$	$(\mathrm{La/Sm})_N$	$(\mathrm{Gd/Yb})_N$
D01	方铅矿	0.016	0.089	0.010	0.68	4.465	2.400	0.645	0.797	5.35	3.68	1.13
D02	方铅矿	0.014	0.078	0.099	0.67	3.194	1.343	0.636	0.715	4.00	3.21	1.23
D04	黄铁矿	0.009	0.027	0.008	0.14	3.080	7.556	0.675	0.317	17.84	4.96	1.77

注：由湖北宜昌地质矿产研究所分析测试。

从表 5－5 可以看到矿石中的微量元素的含量特征。

Au：矿石 Au 含量不高，为$0.8\times10^{-9}\sim10.9\times10^{-9}$，平均为$8.4\times10^{-9}$，比小定西组基性火山岩（平均为$0.52\times10^{-9}$，低于克拉克值）富集 16 倍。

Pb：石英脉型铜矿体中，铜和铅表现出了一定的正相关性；在其他类型的铜矿体中，在矿体中心的富铜矿石基本上不含铅，从中心向外围，铅含量不断升高，这与矿石类型的分带特征一致。

Zn：石英脉型铜矿体 Zn 含量明显偏低，低于地壳克拉克值，也低于其他类型铜矿体；其他类型铜矿体中的 Zn 含量与围岩较为接近，没有明显的富集特征。

表5－5　官房铜矿岩矿石微量元素分析结果 $w_B/10^{-6}$

№	样号	Cu	Pb	Zn	Cr	Co	Au	Ag	V	Ni
1	SN－9	2740	2730	35.3	61.8	<1	6.00	2.34	116	
2	SN－10	5810	3700	52.7	43.7	1.30	9.90	10.0	57.1	
3	1530－6	16800	8260	252	102	29.7	6.80	1.74	163	
4	1576－5	107000	110	228	86.0	19.3	10.9	112	137	
5	1576－1	62.6	64.9	119	94.8	24.8	0.45	0.16	201	
6	1600－1	69.1	30.9	156	87.9	26.0	0.65	0.086	192	
7	YBS－2	71.1	34.1	57.9	3.70	<1	0.70	0.10	4.24	<1
8	YBS－3	74.1	28.6	92.6	3.80	<1	1.45	0.11	3.10	1.70
№	样号	Nb	Ta	Zr	Hf	Sr	Rb	U	Th	Ba
1	SN－9	8.56	0.89	79.7	1.97	264	21.0	0.70	2.68	71.5
2	SN－10	5.51	0.65	71.8	2.12	183	24.1	0.54	2.59	82.2
3	1530－6	13.1	0.80	146	4.65	170	23.8	1.12	12.1	158
4	1576－5	12.5	1.48	141	4.82	277	50.3	0.98	15.6	337
5	1576－1	15.3	0.74	200	5.30	456	37.9	1.32	6.52	358
6	1600－1	14.4	1.47	186	5.25	513	91.9	0.98	4.84	580
7	YBS－2	37.2	2.61	299	11.4	33.7	150	3.87	23.0	390
8	YBS－3	46.1	3.47	385	14.1	43.3	272	4.00	30.8	190

注：样号和岩性同表5－3。

Cr、Co：石英脉型铜矿体Cr、Co含量与火山岩围岩相比明显偏低；其他类型铜矿体中的Cr、Co含量与围岩较为接近，没有明显的富集特征。

Rb、Sr、Ba：石英脉型铜矿体Rb、Sr、Ba含量与火山岩围岩相比明显偏低；其他类型铜矿体中的Rb、Sr、Ba含量与围岩较为接近，总体上略低。

Cu、Ag：官房铜矿外围火山岩不同层位Cu、Ag丰度及浓集系数列于表5－6，从表中可以看出，Cu和Ag元素丰度值在小定西组基性火山岩各段和辉绿岩脉虽有所不同，但均低于或略高于地壳丰度值和中国玄武岩丰度值，没有明显的富集特征，这表明官房铜矿成矿物质的主要来源可能与上三叠统小定西组的基性火山岩和辉绿岩脉关系不大；中三叠统忙怀组酸性火山岩Cu的丰度值与地壳和中国酸性火山岩平均丰度值相比，浓集系数分别为1.66和8.05，有较明显的富集，有可能为矿床提供部分成矿物质。

表5－6　官房铜矿矿区地层和岩脉Cu、Ag丰度值　$w_B/10^{-6}$

地层及岩脉	T_3x^{1-1}	T_3x^{1-2}	T_3x^{2-1}	T_3x^{2-2}	T_3x^{2-3}	T_3x^{3-1}	T_2m	辉绿岩脉	中国玄武岩	酸性火山岩	地壳
Cu	23.36	31.18	32.50	66.08	17.75	32.50	64.42	43.5	52	8.0	38.8
Ag	0.06	0.07	0.11	0.13	0.08	0.13	0.11	0.07	0.046	0.07	0.044
样品数	11	36	26	13	20	6	5	4			

测试单位：湖北宜昌地质矿产研究所，中国玄武岩和酸性火山岩资料据鄢明才等(1996)。

从单矿物微量元素分析结果(表5－7)中可以看出，山南矿段石英脉型铜矿体中的方铅矿单矿物中的Cr、Co、Ni、V含量和向阳山矿段非石英脉型铜矿体中的黄铜矿、斑铜矿中的含量非常接近，Au含量明显偏高，Ag含量高于黄铜矿而与斑铜矿几乎一致，方铅矿中含有较高的铜。这些特征再次表明：官房铜矿不同类型的矿体是同一次成矿过程不同成矿阶段不同成矿期次的产物。

表5－7　官房铜矿单矿物组成分析结果　$w_B/10^{-6}$

样号	单矿物	Cu	Pb	Zn	Cr	Co	V	Au	Ag	Ni
SN－3	方铅矿	9185	838200	63.2	3	0.9	1.82	15.6	770	4.6
LD6－3	斑铜矿	528200	541	3.4	2	0.2	46	4.2	710	0.8
LD6－4	黄铜矿	311300	255	0.2	3	0.7	175	1	79.3	3.9
LD6－5	斑铜矿	568100	393	12.6	2	0.7	57.8	4.1	842	3.31

测试单位：湖北宜昌地质矿产研究所。

值得注意的是，在向阳山－南信河－岩脚T_3x^{1-1}和T_3x^{1-2}之局部地段的火山碎屑岩有Mo的高含量值出现($50\times10^{-6}\sim80\times10^{-6}$)，这是否是与隐伏的中酸性岩体有关的信息值得进一步关注。

5.2　流体包裹体地球化学

矿区流体包裹体测试由湖北宜昌地质矿产研究所检测中心包裹体实验室完成。气相成分用SP3420气相色谱议分析；液相成分由日立220A紫外/可见分光光度计和日立180－80AAS原子吸收光谱议测定。

5.2.1　矿物流体包裹体特征

由于在矿化早期石英颗粒过于细小而难以取样，故在向阳山矿段的1626、

1576 中段的Ⅰ－①号矿体采集矿化偏晚期的方解石脉样品和山南矿段的Ⅳ号石英脉型铜矿体中采取石英脉样品进行流体包裹体研究。在显微镜下观察发现，方解石和石英中流体包裹体发育，但数量较少，沿方解石和石英结晶面成群展布。根据其分布状态，均属原生流体包裹体，但包裹体普遍较小，一般为 1～15 μm，流体包裹体类型单一。按其相态组合及物理状态，官房矿区主要发育纯液相包裹体、液相包裹体(纯盐水＋水蒸气组成的包裹体)和含 NaCl 子晶多相包裹体三类(表 5－8)。

表 5－8　官房铜矿矿物流体包裹体特征

样号	测定矿物	流体包裹体发育类型	含量/%	气液比/%	大小/μm	相态组合	包裹体形态	采样地点
S－1	石英	纯液相包裹体	70	0	2～10	L	米粒状为主，其次为椭圆形	山南
		液相包裹体	28	10～12	2～15	L＋V	多边形和不规则状	
		含子晶多相包裹体	2	10～15	5～12	$L+V+S_{NaCl}$	椭圆形、多边形为主	
S－2	方解石	纯液相包裹体	40	0	1～12	L	米粒状、小菱形、多边形为主	向阳山
		液相包裹体	60	10～15	2～20	L＋V	椭圆形、多边形为主	
X－2	方解石	纯液相包裹体	60	0	1～12	L	米粒状、小菱形、多边形为主	小铜山
		液相包裹体	40	10～15	2～18	L＋V	椭圆形、多边形为主	
D－2	方解石	纯液相包裹体	53	0	2～15	L	米粒状、小菱形为主	向阳山
		液相包裹体	45	10～12	3～25	L＋V	椭圆形、圆形、负晶形为主	
		含子晶多相包裹体	2	10～15	5～12	$L+V+S_{NaCl}$	椭圆形、长方形、多边形	

5.2.2　流体包裹体均一温度、盐度

采用均一法测定液相包裹体均一温度，采用冷冻法测定其盐度。总体上看，方解石流体包裹体平均均一温度为 156～185℃；石英流体包裹体平均温度比方解石低，为 110～130℃。黄铁矿、方铅矿和黄铜矿爆裂温度为 170～360℃。方解石的盐度为 9.5%～31.9% NaCl(平均为 20.6% NaCl)(表 5－9)；石英的平均盐度为 30.92% NaCl。因此，成矿流体总体上属中低温和低－中等盐度性质。

5.2.3　成矿压力估算

方解石流体包裹体发育类型单一，未见含液体 CO_2 的包裹体，因此采用同一

液相包裹体均一温度及盐度获得流体密度，然后采用低 - 中等盐度包裹体的压力关系估算成矿压力。利用水等容线图及不同密度 NaCl 等容线图（Roedder E，1984）估算成矿压力（表 5 - 9），成矿压力为 120×10^5 Pa ~ 532×10^5 Pa，形成深度不大，为 0.4 ~ 1.77 km，因此矿床形成于一种相对开放的系统。

表 5 - 9　官房铜矿流体包裹体均一温度、盐度和压力

样品编号	采样矿段	冰点温度/℃	均一温度/℃		盐度/% NaCl		成矿压力 /10^5 Pa
		范围	范围	平均	范围	平均	
S - 1	山南	- 24 ~ - 27	110 ~ 130	124	23.56 ~ 31.87	30.92	120
S - 2	向阳山	- 15.3 ~ - 16.5	150 ~ 190	176	9.5 ~ 18.3	14.6	532
X - 2	向阳山	- 17.3 ~ - 17.2	140 ~ 162	156	18.9 ~ 19.0	18.95	448
D - 2	向阳山	- 21.0 ~ - 26.5	160 ~ 200	185	21.32 ~ 31.9	28.23	435

5.2.4　流体包裹体成分

官房铜矿中石英和方解石包裹体成分分析结果（表 5 - 10）表明，成矿流体的液相组分中，阳离子以 Na^+ 为主，K^+、Ca^{2+} 次之，Mg^{2+}、Li^+ 少量；阴离子以 Cl^- 为主，HCO_3^- 次之，F^-、SO_4^{2-} 少量。气相组分以 H_2O 为主，次为 CO_2，CO、CH_4、H_2 少量或痕量。由于是在相对开放的系统中成矿，$w(CO_2)/w(H_2$ + 碳氢化合物) 比值高，说明矿石形成的深度不大，并且是在还原性不强的环境中形成的。成矿流体为低 - 中盐度的 NaCl - KCl - H_2O - CO_2 体系。在向阳山矿段矿化初期硅化发育，晚期脉状碳酸盐化发育，表明成矿流体从矿化早期到晚期由弱酸性向弱碱性演化。

表 5 - 10　官房铜矿包裹体气液相成分分析结果

样号	矿物名称	气相成分/10^{-6}					液相成分/10^{-6}							
		H_2O	CO_2	CO	CH_4	H_2	K^+	Na^+	Li^+	F^-	Cl^-	SO_4^{2-}	HCO_3^-	pH
D - 1	方解石	202.30	178.65	1.5	0.006	0.12	2.49	4.02	0.010	0.12	5.88	0.25	71.1	7.1
X - 1	方解石	186.72	169.63	1.15	0.004	0.11	2.74	2.29	0.005	0.08	4.69	0.25	71.1	7.1
E - 1	方解石	196.55	155.93	1.36	0.003	0.09	2.82	2.19	0.010	0.07	4.52	0.00	48.5	7.0
S - 3	石英	303.88	17.41	0.05	0.002	0.16	1.71	9.46	0.020	0.22	13.2	0.50	4.0	6.7

5.3 同位素地球化学

5.3.1 硫同位素

官房铜矿矿区各矿体中黄铁矿、黄铜矿、斑铜矿和方铅矿占硫化物总量的90%以上，Ohmoto 等(1979)认为在矿物组合简单的情况下，矿物的 $\delta^{34}S$ 的平均值可代表热液的总硫值。因此可用 $\delta^{34}S_{V-CDT}$ 值代表矿床热液的总硫同位素组成。金属矿物的硫同位素组成分析结果(表 5-11)表明，$\delta^{34}S$ 值变化范围小，为 -5.67‰和 -11.88‰，极差为6.21‰，平均值为 -8.53‰，富集轻硫，其组成特征既不同于典型的陨石硫和深部岩浆硫，也不同于典型的沉积硫。硫同位素的这种分布特征可能由细菌还原所致；或者意味着与成矿流体的 f_{O_2}、pH 及开放程度有关；或者是由于硫的来源不一致所致。Ohmoto 等(1979)认为富集轻硫与成矿系统相对开放程度有关，热液中高氧逸度下形成的硫化矿物比低氧逸度下形成相同的矿物更富轻硫。斑铜矿(2 件)的 $\delta^{34}S$ 值为 -5.85‰ ~ -5.67‰，平均为 -5.76‰；黄铁矿(2 件)的 $\delta^{34}S$ 值为 -9.76‰ ~ -6.36‰，平均为 -8.06‰；黄铜矿(1 件)的 $\delta^{34}S$ 值为 -9.96‰；方铅矿(2 件) $\delta^{34}S$ 值为 -11.88‰ ~ -10.20‰，平均为 -11.04‰；不同矿物的硫同位素顺序为 $\delta^{34}S$ 斑铜矿 > $\delta^{34}S$ 黄铁矿 > $\delta^{34}S$ 黄铜矿 > $\delta^{34}S$ 方铅矿，表明硫化物间达到同位素分馏平衡。总体上 4 种矿物的 $\delta^{34}S$ 值比较接近，说明硫来源单一。矿体围岩为以陆相为主的基性火山岩，有机质含量极低，其影响有限。结合矿体的控矿规律，推断硫主要来源于深部，可能与岩浆活动有关。

表 5-11　官房铜矿硫同位素组成

样号	S76-1	S15-1	S26-1	S26-2	S36-1	S90-1	S10-1
所测矿物	斑铜矿	斑铜矿	黄铁矿	黄铁矿	方铅矿	方铅矿	黄铜矿
采样矿段	向阳山	向阳山	向阳山	向阳山	山南	山南	向阳山
$\delta^{34}S_{V-CDT}$/‰	-5.67	-5.85	-6.36	-9.76	-11.88	-10.20	-9.96

5.3.2 铅同位素

为探讨矿床的成矿物质来源，对矿区的主要岩(矿)石的铅同位素组成进行了测试，结果见表 5-12。矿石矿物铅同位素组成相当均一，其中 $n(^{206}Pb)/n(^{204}Pb)$ 为 18.685 ~ 18.708，平均为 18.698，极差为 0.023；$n(^{207}Pb)/n(^{204}Pb)$ 为 15.656

~15.687，平均为 15.671，极差为 0.031；$n(^{208}Pb)/n(^{204}Pb)$ 为 38.647 ~38.780，平均为 38.704，极差为 0.133；μ 值为 0.571 ~0.575，变化范围小，说明矿床的铅来源较单一。根据铅同位素组成计算的模式年龄为 24.6 ~76.4 Ma，相当于新生代中早期。玄武岩的 μ 值为 9.47 ~9.59，变化范围小，该比值不同于地球形成早期地幔铅同位素 μ 值为 7.91 的单阶段演化趋势，这证实其铅同位素经历了两阶段演化，表明在地球铅同位素演化后又有放射性元素 U 和 Th 的富集事件发生。石英脉型铜矿体的围岩(P26)和忙怀组流纹质火山岩(YB -1)两个样品出现了异常铅，这可能与隐伏的中酸性岩体的混染有关。在岩矿石铅的 $\Delta\beta-\Delta\gamma$ 成因分类图解中(图 5 -3)，所有样点都落在上地壳与上地幔混合的俯冲带与岩浆作用有关的铅区中；在 Z(Zartman) - D(Doe)铅演化模式图中(图 5 -4)，所有样品的投影点均落在上地壳与地幔之间的造山带。

表 5 -12　官房铜矿主要矿石及围岩铅同位素测试结果

样号	样品名称	同位素组成			模式年龄/Ma	特征参数		
		$n(^{206}Pb)/n(^{204}Pb)$	$n(^{207}Pb)/n(^{204}Pb)$	$n(^{208}Pb)/n(^{204}Pb)$		φ 值	μ 值	$w(Th)/w(U)$
P904	方铅矿	18.702 ±0.001	15.656 ±0.001	38.647 ±0.003	24.6	0.571	9.54	3.68
P36	方铅矿	18.685 ±0.001	15.687 ±0.001	38.780 ±0.001	76.4	0.575	9.61	3.75
P15	方铅矿	18.708 ±0.001	15.670 ±0.001	38.687 ±0.002	38.1	0.572	9.57	3.70
XT -1	玄武岩	18.691 ±0.005	15.679 ±0.007	38.781 ±0.020	62.0	0.574	9.59	3.75
P13	玄武岩	18.626 ±0.002	15.614 ±0.002	38.633 ±0.006	26.4	0.571	9.47	3.71
P26	玄武岩	18.710 ±0.002	15.639 ±0.002	38.675 ±0.009	-3.2	0.568	9.51	3.69
YB -1	流纹岩	18.860 ±0.005	15.634 ±0.005	38.905 ±0.018	-121	0.559	9.49	3.70

5.3.3　氢氧同位素

表 5 -13 为官房铜矿石英脉和方解石脉内流体包裹体的氢氧同位素测试结果。在氢氧同位素图解(图 5 -5)上，石英脉中流体包裹体的投影点位于岩浆水与大气水之间，说明成矿流体为岩浆水与大气降水混合来源。官房铜矿石英脉内发育含石盐子晶多相包裹体和富 CO_2 包裹体，其均一温度相对较高，而富液相包裹体及低盐度包裹体的均一温度较低，说明官房铜矿成矿早期和中期阶段应以岩浆水来源为主，大气降水较少，而在晚期阶段则有大量低盐度大气降水加入。

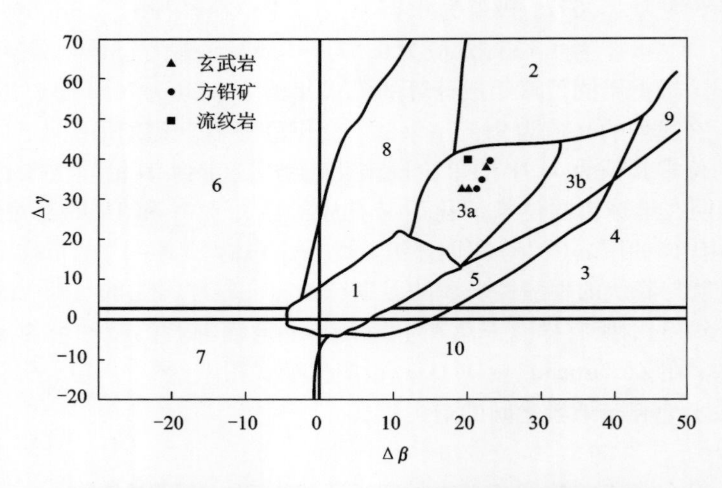

图5-3　官房铜矿岩矿石铅的 $\Delta\gamma-\Delta\beta$ 成因分类(底图据朱炳泉，1998)

1—幔源铅；2—上地壳源铅；3—上地壳与上地幔混合的俯冲带铅(3a—岩浆作用；3b—沉积作用)；4—化学沉积型铅；5—海底热水作用铅；6—中深变质作用铅；7—深变质下地壳铅；8—造山带铅；9—古老页岩上地壳铅；10—退变质作用铅

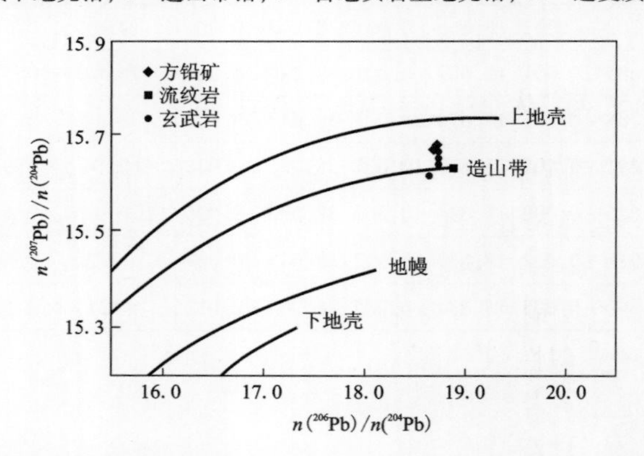

图5-4　官房铜矿主要岩矿石 $n(^{207}Pb)/n(^{204}Pb)-n(^{206}Pb)/n(^{204}Pb)$ 铅同位素演化图

表5-13　官房铜矿氢氧同位素测试结果

样品号	采样位置	测试对象	$\delta^{18}O_{SMOW}$/‰	$\delta^{18}O_{水}$/‰	δD_{SMOW}/‰
XT-2	向阳山矿段	石英单矿物	13.72	8.61	-64.3
26-2	向阳山矿段	方解石单矿物	9.11	-2.51	-65
30-2	向阳山矿段	方解石单矿物	10.23	3.38	-55
10-2	山南矿段	石英单矿物	10.14	1.25	-64.23
36-2	山南矿段	石英单矿物	12.21	7.09	-73.7

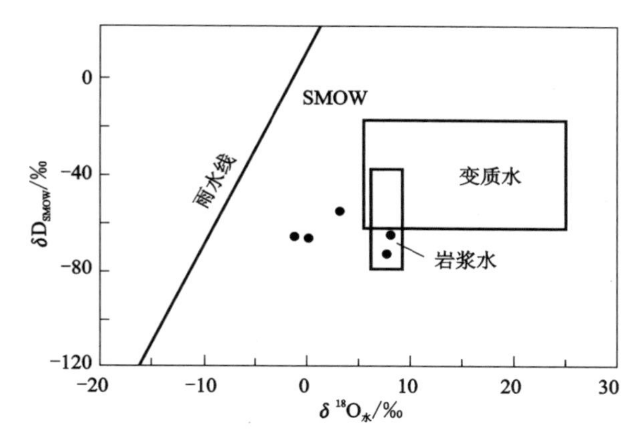

图5-5 官房铜矿成矿流体$\delta D_{SMOW}-\delta^{18}O_{水}$图解

（底图据Taylor，1974）

5.4 官房铜矿与“火山红层铜矿”及“玄武岩铜矿”的比较

5.4.1 官房铜矿与“火山红层铜矿”的比较

“火山红层铜矿”（Volcanic redbed copper）（VRC）作为一种重要的铜矿类型，广泛分布于智利、加拿大、美国、英属哥伦比亚和伊朗等地，在我国则少有报道。矿床规模以中小型偏多，其中也不乏铜金属量超过200万吨的大型铜矿床（表5-14）。“火山红层铜矿”的名称容易引起对赋存于沉积岩系中“红层铜矿”和“铜页岩铜矿”某些相似性的注意。氧化成红色的高渗透性陆相火山岩顶部和夹在其中的红色沉积碎屑岩对矿床的形成可能起着重要的作用。

“火山红层铜矿”广泛分布于陆相泛流玄武岩系列中，一些地质学家将它们归于“玄武岩”型（自然铜）铜矿（Sutherland Brown et al.，1971；Cox，1986），然而，这种矿床类型也广泛分布于大陆边缘弧和岛弧火山岩中，如智利的Jardin铜矿（Lorrite and Clark，1974，1978）和英属哥伦比亚的NH Group铜矿（Kirkham，1969）等。

“火山红层铜矿”的矿体以顺层准整合产出为主，产于杏仁玄武岩流顶部的高渗透性角砾岩中，如美国基伟诺半岛的Kearsarge和Burbank lodes铜矿（Weege and Pollack，1972）、Natkusiak玄武岩铜矿（Jefferson et al.，1985）和Karmutsen Formation铜矿等（Lincoln，1981），矿床有时也定位于火山沉积岩系中的沉积岩中，如基伟诺半岛的Calumet Conglomerate铜矿（Weege and Pollack，1972）、智利的 Talcunaq 铜矿（Ruiz et al.，1971）和伊朗的 Abbas - Abad 铜矿（Khadem，1964）等，也有一些矿床严格受破碎带、节理带等构造控制，呈脉状切层产出，如英属哥伦比亚的 47 Zone 铜矿床。

表 5 - 14　国外"火山红层铜矿"主要矿床的储量和品位

序号	矿床名称	储量（矿石量）/Mt	铜品位/%	银品位/($g\cdot t^{-1}$)	产地
1	Ontario	0.85	1.15	8.3	加拿大
2	Sustut	43.5	0.81	/	英国
3	Mantos Blancos	220	1.2	/	智利
4	Jardin	3.29	1.4	80	智利
5	Amolanas	10	1.8	20	智利
6	Talcuna	4.3	1.47	38	智利
7	ElSolado	136	1.6	6 ~ 10	智利
8	Catemu	2.0	1.75	20	智利
9	Altamira	12.1	1.7	41	智利
10	Calumet - Hecla	114	2.4	/	美国密执根
11	Kennecott	4.2	12.8	5	美国阿拉斯加
12	Pewabic	38.9	1.26	/	美国密执根
13	47 Zone	3.2	3.44	/	英属哥伦比亚

注：资料来源于 Kirkham（1996）

Kirhham（1984，1996）和 Lefebure（1996）对"火山红层铜矿"的一些特征进行了总结，具体如下：

（1）构造环境为陆相玄武质熔岩流发育的陆内裂谷和靠近板块边缘的岛弧及陆缘弧。

（2）矿石结构以他形细粒粒状结构和交代结构为主，矿石构造为典型的浸染状构造、细脉状构造和"开放"空间充填构造而区别于块状硫化物矿床，"开放"空间可以是熔岩流顶部的杏仁、气孔和裂隙。

（3）围岩蚀变不显著或缺乏，但许多矿床伴有由区域变质引起的低绿片岩相的矿物，如石英、绿帘石、钠长石、方解石、绿泥石、葡萄石、绿纤石、浊沸石等。

（4）赋矿火山岩系主要形成于一种低 - 中纬度、干旱 - 半干旱的陆相到浅海相的环境，并且一般发生了低绿片岩相的变质。

（5）矿床中矿石矿物为相对简单的铜硫化物和/或自然铜组合，有时含少量的银，通常不含多金属矿化，而且缺乏含铁硫化物。自然铜、辉铜矿、蓝辉铜矿、斑铜矿、富硫斑铜矿、赤铁矿、少量黄铁矿以及微量的自然银为火山红层铜矿的典型金属矿物。方铅矿、闪锌矿及其他的一些硫化物和硫酸盐很少见或不存在，尽管有少量方铅矿和硫酸盐在某些矿床的外带中存在。一些矿床如 Sustut 铜矿、Coppercorp 铜矿、Mount Bohemia 铜矿和 Mantos Blancos 铜矿从矿体中心到外围存在从自然铜、辉铜矿、斑铜矿、黄铜矿再过渡到黄铁矿的明显分带，呈不规则状连续重叠展布。

（6）矿床形成时代：从元古代至第三纪都有产出。

（7）容矿岩石及相关岩石类型：杏仁玄武熔岩、火山角砾岩、含有火山灰的粗火山角砾岩层、粉砂岩、砂岩和砾岩。

（8）控矿要素：矿床明显受控于陆相 - 浅海相常夹有沉积岩的火山岩系，重要控矿要素之一是喷发旋回顶部由于火山碎屑岩、角砾岩、杏仁和断裂构造的发育而产生的高渗透区域。

（9）地球化学标志：铜品位较高，通常含银，高 Cu/Zn 比，而且基本不含金。

关于“火山红层铜矿”的成因模式有多种不同的认识，概括归纳起来主要有两种：

（1）红层淋滤说：大多数学者（Surdam，1968；Jolly，1974；Harper，1977；Lincoln，1981；Wilton and Sinclair，1988）认为，铜成矿发生在玄武岩喷发和盆地沉积物充填以后。在火山沉积系列底部的有高铜背景值（铜丰度值一般为 $100\times10^{-6}\sim150\times10^{-6}$）铁镁质火山岩在深埋变质形成绿片岩相的脱水过程中，形成成矿流体，然后沿断裂运移至火山沉积系列上部的高孔隙度红色气孔状熔岩与砂砾岩中沉淀成矿。

（2）后期变质热液说：该模式也认为成矿发生在高铜背景值玄武岩喷发和盆地沉积物充填以后，由于盆地深部辉长岩体的侵入，引起盆地区域性升温，产生了变质热液的活动，从而导致铜的成矿（Kirhham，1996）。

不难看出，以上两种认识都认同以下三点：首先是强调高铜背景值铁镁质火山岩的作用，它是成矿物质的最终来源；其次是变质作用的重要性，它是形成成矿流体的关键；最后是强调高孔隙度红色气孔状熔岩、角砾岩和砾岩的作用，它们是成矿流体运移的通道和重要的容矿空间。

官房铜矿与典型的“火山红层铜矿”相比，有一些共同点：

（1）部分矿体赋存于火山喷发旋回顶部的红色气孔杏仁熔岩和角砾岩中，这种由气孔杏仁熔岩和角砾岩组成的高渗透区域同样是形成矿体尤其是似层状矿体的重要容矿空间。

（2）官房铜矿的矿体铜品位也较高，含银，高 Cu/Zn 比，而且基本不含金，这与部分“火山红层铜矿”一致。

(3)官房铜矿的矿石矿物与部分“火山红层铜矿”矿床类似，均为相对简单的铜硫化物，矿石结构以他形细粒粒状结构和交代结构为主，矿石构造为典型的浸染状构造、细脉状构造和“开放”空间充填构造。

(4)官房铜矿的火山岩系同“火山红层铜矿”一样形成于陆相－浅海相环境。

但与“火山红层铜矿” 相比较，官房铜矿也有自己鲜明的特点，具体表现为：

(1)官房铜矿小定西组玄武质火山岩的铜背景值低，不同亚段铜背景值变化在 22.36×10^{-6} 和 66.08×10^{-6} 之间，远低于典型“火山红层铜矿”铜背景值 $100\times10^{-6}\sim150\times10^{-6}$ 的水平，因此官房铜矿的基性火山沉积岩系可能不是矿床成矿物质的主要来源。

(2)官房铜矿的火山岩系基本上没有发生低绿片岩相的变质作用，火山岩新鲜。

(3)与典型“火山红层铜矿”矿床不同，官房铜矿矿体围岩蚀变强烈，尤其是黄铁矿化和硅化，且与成矿关系极为密切。

(4)官房铜矿矿石中金属矿物以黄铜矿、斑铜矿为主，缺乏自然铜，主要矿体的垂直和水平蚀变矿化分带特征明显。

(5)官房铜矿的主要矿体在形态上为受断裂构造和火山岩岩性控制的“楼梯状”，矿体群受放射状断裂和环状断裂及其次级断裂控制，而不同于典型“火山红层铜矿”以呈顺层准整合产出为主，矿体沿走向顺层展布最长可达5 km。

综合上面的分析，官房铜矿的地质特征与“火山红层铜矿”相比有相类似的部分，但也有着显著的差异，显然不能运用“红层淋滤说”和“后期变质热液说”来解释其成因。

5.4.2　官房铜矿与峨眉山“玄武岩铜矿”的比较

峨眉山“玄武岩铜矿”主要分布于滇黔交界地区。滇东北的鲁甸、巧家、永善等地有永胜得、沿厂河、苏家菁、大地等铜矿床(点)，滇西的丽江宝坪、米厘、文通、劳马古、金平金水河等地亦有此类型铜矿点发现；黔西的威宁等地与二叠纪峨眉山玄武岩有关的铜矿床(点)主要有黑山坡、曾家硐、麦塘湾、炉山、大明槽、小米、摆布卡、黄见坑、发财沟、二道沟和中关睢等铜矿床(点)。这类铜矿化发育于峨眉山玄武岩中及玄武岩喷发间歇期形成的含炭沉积岩中，王砚耕等(2003)将其称为“玄武岩铜矿”。峨眉山“玄武岩铜矿”虽然目前所控制的矿床规模大多仅为小型甚至是铜矿点，但在近年来已引起广泛关注(朱炳泉等，2002，2003；罗孝桓等，2002；李厚民等，2004，2006；廖震文，2006)。从“火山红层铜矿”的定义看，峨眉山“玄武岩铜矿”应归于“火山红层铜矿” 范畴之中，这里仅将其作为其中一个特例与官房铜矿作一个简要比较，具体见表5－15。

表 5－15　官房铜矿与峨眉山玄武岩铜矿床特征对比表

	官房铜矿	玄武岩铜矿(威宁铜厂河)
构造环境	陆缘弧	与地幔柱有关的大陆裂谷
容矿岩系	高钾玄武质－钾玄岩火山碎屑岩系	大陆拉斑玄武质火山沉积岩系
矿体形态	楼梯状、似层状、透镜状、陡倾脉状	层状、似层状、透镜状、豆荚状
规模	中型(目前控制)	小型或矿点(目前控制)
金属矿物	以黄铜矿、斑铜矿、黄铁矿为主，少量方铅矿、辉铜矿、蓝铜矿、铜兰、孔雀石和碲银矿	以自然铜和孔雀石为主，少量辉铜矿、蓝铜矿
围岩蚀变	围岩蚀变强烈，主要有黄铁矿化、硅化、碳酸盐化、绿泥石化、绿帘石化和绢云母化等，其中黄铁矿化、硅化和碳酸盐化与成矿关系密切	围岩蚀变不太发育，主要以沸石化、绿泥石化、炭化、沥青化和硅化为主，其中沸石化和沥青化与成矿关系密切
矿石结构构造	他形粒状结构、自形－半自形结构、交代结构、包裹结构等；构造以浸染状构造为主，还包括角砾构造、细脉状构造、气孔杏仁构造	他形粒状结构、片状结构和交代结构等；构造以气孔杏仁构造、角砾状构造为主
矿石分带特征	矿石垂直分带特征明显，上部以斑铜矿为主，下部以黄铜矿为主	分带特征不明显
与有机质的关系	关系不大	关系密切
伴生元素	Ag 和 Pb	不含 Ag 和 Pb
矿区侵入体发育状况	中酸性侵入体发育	不发育
控矿要素	断裂破碎带和岩性	火山岩层位
气相包裹体主要成分	以 H_2O 和 CO_2 为主	以 CH_4 为主
硫同位素	$\delta^{34}S$：－11.88‰～－5.67‰	$\delta^{34}S$：19.2‰～20.7‰
矿床可能成因	与隐伏岩体或次火山岩的活动有关，富钾基性火山岩为有利容矿空间	近源火山构造(物源准备)加上喷发间歇期有机质吸附(初步富集)再加上深埋藏变质(成矿热流体叠加)的产物

注：玄武岩铜矿据罗孝桓等(2002)、李厚民等(2004)资料综合整理。

从表5-15中不难看出，官房铜矿与赋存于二叠纪峨眉山其中的“玄武岩铜矿”相比较，二者仅在矿石结构构造上较为相似，而在矿床形成的构造环境、矿石类型、围岩蚀变类型及发育程度和矿物组合等诸多特征方面表现迥然不同。由此可见，官房铜矿与峨眉山“玄武岩铜矿”应该有着完全不同的成因。

5.5 矿床成因探讨

5.5.1 物质来源和矿床成因

官房铜矿的矿体主要受高角度压扭性断裂构造和火山岩岩性双重控制，脉状矿体切割地层，穿切小定西组不同亚段围岩，矿石脉状、角砾状构造发育等特征充分表明矿床形成时代晚于小定西组中基性火山岩。小定西组玄武安山质火山岩各段在区域地层剖面中均无铜的初始富集，矿石与围岩的稀土元素地球化学特征有着显著的差别。这都说明，官房铜矿在形成过程中小定西组不能作为初始矿源层，其最主要的作用是作为矿床形成良好的容矿空间；容矿围岩和地层中的铜对成矿可能有一定的贡献，但主要成矿物质来源于深部。

铅、硫同位素数据反映出成矿物质可能主要来源于深部。成矿流体为低-中盐度的 $H_2O-NaCl-CO_2$ 体系，从早到晚由弱酸性向弱碱性演化。成矿流体主要为岩浆水和大气降水的混合流体，矿床形成于一种相对开放的体系。

综合矿床产出地质环境、围岩蚀变类型、成矿特征、控矿要素、流体包裹体、同位素特征以及在文玉铜矿周边出现的闪长岩体和官房铜矿向阳山矿段闪长岩体的发现，笔者认为该矿床应属于浅成中-低温火山次火山热液矿床，成矿与印支-燕山期同火山机构有关的次火山岩体或与中新生代中酸性隐伏岩体的岩浆作用有密切的成因联系。

在官房铜矿，闪长岩体与成矿关系密切。主要体现在：一是官房铜矿向阳山矿段主要矿体均受在隐伏闪长岩体周边的北西向和北东向高角度压扭性断裂及其次级断裂所控制；二是作为重要找矿标志之一的黄铁矿化蚀变带围绕岩体成断续环状分布；三是部分类型的铜矿体如向阳山矿段的2-1号矿体，广泛发育有晚期形成石英脉胶结早期形成的斑铜矿角砾；四是岩体本身蚀变强烈，在其与围岩的接触带附近存在多处铜铅矿化。

推测隐伏岩体主体部分位于南信河—草子坝—文玉一带，官房、文玉二个铜矿床及草子坝铜矿点、下邦东、麻栗树等众多的铜矿点分布在其附近或四周（图4-1），这些铜矿床（点）属于同一矿田的类型相同的矿床（点）。尽管官房铜矿深部找矿前景整体上非常看好，但是官房铜矿目前所发现的铜矿体是否仅为整个成矿系列的上部矿体，在官房铜矿深部和周边的忙怀组流纹质火山岩中是否也存在富大的铜银矿体，中酸性岩体中是否存在类似于斑岩铜矿的全岩矿化甚至在接触带部位存在矽卡岩型铜矿体以及具体的成矿时代等问题还有待进一步的证实和研究。

5.5.2　成岩成矿机制

迄今为止，人们普遍接受的观点是，古中特提斯的打开、俯冲、关闭和碰撞，是制约南澜沧江岩浆带形成与成矿的动力机制。然而，随着晚三叠世富钾基性火山岩研究的深入以及区内从燕山－喜山期侵入岩的多期扰动侵位等，表明南澜沧江带构造岩浆演化和成矿并不简单。

南澜沧江带火山岩的演化历史表明，晚三叠世是区域应力场转折时期。南澜沧江带在经历了弧－陆碰撞后，于晚三叠世发生了大规模的伸展作用，发育极具特色的高钾钙碱性－钾玄岩系列的火山岩石组合。

显然，南澜沧江带晚三叠世时出现的大规模的伸展作用、高钾钙碱性－钾玄岩系列岩石的大量发育以及后来的铜多金属成矿作用事件不是偶然孤立的，而是受某种统一的深部作用机制的制约，而岩石圈拆沉作用(delamination)可能是一种合理的深部作用机制。

在碰撞造山带，由于地壳增厚，地壳下部岩石变质导致出现高密度矿物组合(榴辉岩相)，陆壳缩短作用使地壳和岩石圈增厚导致山根温度低于软流圈温度，这种热－物质结构产生潜在的重力失稳，导致去根作用或下地壳拆沉作用(董树文等，1999)。拆沉作用的直接结果是热的、密度较小的软流圈上升到壳幔边界并置换冷的岩石圈地幔，造成岩石圈减薄以及下地壳被迅速加热，导致地壳的迅速隆升和随后伸展。软流圈上升造成的减压熔融使玄武岩浆侵入下地壳，加热的下地壳可进一步熔融，产生花岗质岩浆向上地壳侵入。因此，大规模玄武岩浆底侵和钾玄岩岩浆的喷发，常常作为岩石圈拆沉的岩石学证据(Kay，1994；董树文，1999)。

拆沉作用导致软流圈物质大规模上涌，并加热地壳，不仅导致幔源和壳源岩浆活动，以及带来大量深部成矿物质，而且引发地壳拉张和断裂活动，同时产生巨大的区域性热异常，驱动了流体沿拉张破碎带的大规模对流循环和远距离迁移集聚，从而孕育和诱发了大规模成矿作用。

对于矿床形成的机制笔者认为：从早二叠世开始，古特提斯澜沧江洋板块在扩张的同时，向东俯冲于思茅地块之下，形成了南澜沧江带弧火山岩中三叠世忙怀组富钾酸性火山岩，并于早三叠世－中三叠世早期碰撞闭合。晚三叠世由于岩石圈拆沉而产生的伸展作用导致具有弧火山岩特征的富钾中基性火山岩的大量喷发。

在此之后，印度板块向北冲挤，引发弧后陆内产生大规模下切地幔的逆冲推覆-走滑-伸展构造(澜沧江深断裂)的重新活动，导致滞留于构造带内地幔中的大洋板块残片(可能具有Cu、Ag等矿化元素的高背景值)部分熔融沿构造薄弱部位(如古火山构造等)上侵，并产生环状和放射状断裂。熔融生成的初始富Cu等矿化元素的富挥发分和碱质的中酸性岩浆，经多次上侵、分异演化，到晚期阶段演变成富含Cl^-和HS^-等挥发分和Cu^{2+}、Pb^{2+}、Ag^+等矿化元素的中酸性熔融体。在构造动力和本身挥发分的作用下成矿流体不断沿断裂运移，上侵至晚三叠世小定西组中基性火山岩或忙怀组酸性火山岩中的有利部位淀积成矿。

由此可见，南澜沧江带的构造背景演化与岩浆作用，岩浆演化与成矿作用是一个统一作用的整体，成矿作用只是最后的一个环节。

5.5.3 成矿物质的迁移

成矿物质在热液中的迁移，包括成矿元素在成矿流体中的迁移形式和成矿流体迁移的动力。

(1)成矿流体中铜、银、铅的迁移形式

成矿元素在热流体中主要呈络离子或电中性络合物的形式存在和迁移。络合物可以增加金属元素在气相和液相中的溶解度和稳定性，从而提高金属元素的迁移能力。因此，络合物是金属元素是重要的活化迁移形式。其迁移条件主要取决于金属元素的性质、浓度及成矿流体酸碱度变化等因素。

Cu^{2+}是典型的过渡型金属离子，从晶体场理论分析，处于配位八面体的Cu^{2+}，其晶体场稳定能(22.2 千克/克离子)大于配位四面体的晶体场稳定能(6.6 千克/克离子)，因此铜优先进入配位八面体中。在岩浆结晶时，晶体、熔体和气体共同存在，当晶体的配位八面体数大于熔体相中的配位八面体数，铜将主要赋存于早先结晶的矿物晶格中而被分散，反之则富集于残余岩浆中，由于氯和铜的很强的络合能力，至岩浆作用晚期，富含氯的热流体的分离作用，必然使铜大量富集于流体相中。

热液中的铜离子主要以氯化物及硫化物配合物形式存在，在高中温热液环境中，铜主要呈铜氯络合物形式存在于成矿热流体中，在大于250℃的弱酸性热液中，即使Cl^-浓度很低，氯化物及氯羟基配合物配合物也是铜配合物的主要物种。在硫浓度较高的低温(<250℃)弱碱性条件下，铜配合物以硫化物为主(Crerar D A, 1985; Kudrin A V, 1996)。

官房铜矿的成矿热流体性质相当于$NaCl-KCl-H_2O-CO_2$体系，从矿区硫体包裹体的特征看，均显示Cl^-远远大于SO_4^{2-}(表6-10)，从矿物共生组合和围岩蚀变特点可以判定早期成矿流体呈弱酸性，晚期呈弱碱性，因此综合各种因素分析，铜可能主要呈氯络合物[如$(CuCl)^{2-}$、$(CuCl_3)^{2-}$、$(CuCl_4)^{2-}$]形式存在和迁移，在较低的温度下铜以硫化物配合物[如$(Cu(HS)_3)^-$、$(CuS_2)^{2-}$]形式进行搬运。

Ag 和 Pb 同 Cu 一样也是自然界最重要的亲硫元素，Pb 在热液中以氯络合物形式迁移，氯化银不溶于水，但银氯络合物的溶解度很大，考虑到成矿流体中氯含量较高，因此，Ag 和 Pb 也主要以氯络合物[如$(PbCl_4)^{2-}$、$(AgCl_4)^{3-}$]的形式迁移。

由上面分析可知，Cl 和 S 是 Cu、Ag、Pb 迁移的络阴离子，是铜矿床形成矿床最主要的矿化剂，它对矿床的形成起着重要的作用。

(2)成矿流体迁移的动力

造成成矿流体及其成矿物质迁移的动力主要是温度差和压力差，不断加入的地表水也为其运移起到了积极作用。

形成于地下深部的岩浆，虽然温度和压力较高，但其负荷的围岩压力也很大，所以一般处于相对稳定的静止状态。深断裂的活动导致压力降低，高温的岩浆沿断裂构造上升到近地表温度和压力较低的部位，便迅速向外释放热量，促使围岩和周围水的温度和压力相应地升高。在热液向上迁移的同时，较冷的地表水在重力作用下则不断向下渗透、补给并被加热，从而形成了一个热液循环体系。当流体上升受阻时，停滞于热的岩浆(岩)附近的热水继续被加热而汽化，随温度增高气压不断增大，或随着岩浆不断的结晶分异演化，大量的挥发分也会析出并聚集，在“密闭空间”内聚集了较高的能量，在构造应力的诱发下，便发生隐爆作用。构造应力作用和由其诱发的隐爆作用产生新的断裂裂隙带和透水性好的碎裂-角砾岩带，使流体内压突然释放而形成低压区，处于高压区的流体便迅速向低压区迁移。流体沿断裂构造上升，不断加热融入的地表水使流体的密度和粘度降低而更容易进行运移。

总之，发育的断裂裂隙系统是流体迁移的有利通道，成矿流体的温度差和压力差是造成其运移的主要驱动力，不断加入的地表水造成成矿流体密度和粘度的降低，对流体的运移起到推动作用。

5.5.4　成矿物质的沉淀富集

金属元素的迁移与沉淀是密切相关的，一定的迁移形式总是稳定于一定的介质条件，当环境改变了，迁移形式不稳定而发生金属元素的沉淀。

引起热液中金属元素的沉淀主要有两方面因素：一是由于热液中某些成分浓度的改变造成络合物分解而成矿；二是热液本身温度、压力、pH 等物理化学条件的变化，使稳定的络合物分解沉淀而成矿。

P. D. Candela 和 H. D. Holland(1986)及 H. Kepper(1991)等通过铜在熔体相和流体相之间的配分实验发现，对铜来说，它在熔体相和流体相之间的配分系数最高可达 83(750℃，200 MPa 条件下)并且强烈富集在含 Cl^- 的流体中，与 Cl^- 含量形成一种线性关系，而 Cl^- 的析出情况取决于岩浆含水是否达到饱和。当岩浆含水饱和时，释出的流体将富集体系中大部分的 Cl^-（33% ~100%）。

实验表明：Cl^- 在硅酸盐熔体和流体相之间的配分系数与温度关系不大，但随着压力的降低，Cl^- 强烈富集于流体相中。因此，随着岩体不断上侵，压力的下降将导致 Cl^- 持续从熔体相进入流体相，其次是岩浆初始水的含量，对某一岩体而言，初始水含量高，将使岩浆提前达到饱和，这导致成矿物质如铜等提前从熔体相进入流体相，延长了这种作用发生的时间，进而提高了流体中的金属含量。

高温、高氯化物含量和低 pH 是铜氯络合物存在的必要条件。与此相反的条件则有利于它们被离解而沉淀。在成矿热流体体系中，如果各成分相互比例稳定，则络合物的离解主要依赖于温度和 pH 的改变。温度降低和 pH 升高时，有利于铜氯铬合物的离解和铜硫化物析出。Barnes H L（1979）的实验结果表明，当温度为 350℃或 250℃时，pH 每升高一个单位，溶液中铜含量就降低 10 倍。铜氯络合物的不稳定常数随温度降低而增大，而硫化物溶解度则相应减小，从而有利于络合物的离解。pH 的升高，一方面可使 H_2S 的电离常数增大，另一方面可促使络合物离解和金属硫化物沉淀。

随着温度压力的下降，流体中的 HCl 逐渐离子化并与围岩发生交代蚀变作用，形成硅化、绢云母化，导致 H^+ 大量消耗。与此同时，大量的阳离子如 Ca^{2+}、Mg^{2+}、Fe^{2+}、K^+、Na^+ 等从富碱质的富钾基性火山岩中转入流体且浓度不断升高，导致流体的 pH 逐渐过渡为弱碱性。此时铜氯络合物的不稳定常数随之加大，pH 增大更进一步促使铜氯络合物离解。另一方面，铜又是亲硫元素，随着温度压力的降低，铜硫化物的溶解度迅速减小，pH 增大又使 H_2S 的电离常数增大并转化为 HS^-、S^{2-} 等形式，矿石中黄铁矿的广泛存在证明热流体含有相当的还原硫。成矿流体中 Cu^+、Cu^{2+}、Fe^{2+}、Pb^{2+}、Ag^+、S^{2-}、HS^- 等离子浓度超过活度积时，成矿元素将以各种硫化物组合形式发生沉淀。另外，成矿流体中 Cu、S、Fe 含量比及相互作用也是决定硫化物沉淀、组合类型和矿物含量的重要因素。在硫化物沉淀时，硫，特别是还原硫 H_2S、HS^-、$(S_2)^{2-}$、S^{2-} 等的存在形式和相互量比以及随成矿热流体演化而变化的性状，对矿化富集也起到重要作用。在流体中 $w(Cu)/w(Cu+Fe)$ 较大，$w(S)/w(Cu+Fe)$ 相对较小的演化初期，温度压力均较大，主要形成黄铁矿 + 黄铜矿组合为主的矿石类型；随着温度压力的进一步降低，$w(Cu)/w(Cu+Fe)$ 值减少，$w(S)/w(Cu+Fe)$ 比值相对增大，又接近富氧环境时，则形成以斑铜矿为主的矿石类型。由此可见，向阳山矿段矿石类型的垂直分带表明成矿流体从下向上运移是一个降温降压和氧逸度不断增加的过程。

隐爆角砾岩的存在表明官房铜矿床成矿作用过程中有沸腾作用发生，沸腾作用发生时压力下降，对铜、银等络合物来说，稳定性下降；另外沸腾作用还使 pH 增高，这是因为挥发分中包含的 CO_2、Cl^-、F^- 等酸性组分的逸失造成的，而 pH

增大将使 $CuCl^{2-}$ 等稳定性大大降低，此外 Cl^{-} 含量的减少对 $CuCl^{2-}$ 的分解影响也很大。

此外，沉淀机制还包括由于地下水的掺入致使盐度和温度降低、pH 升高及 f_{O_2}增大等因素，显然含矿流体成分和物理化学条件的改变是成矿物质沉积成矿的主要原因。

5.6　矿床成矿模式

矿床成矿模式是用文字、图表等形式简洁明了地对矿床的地质特征、成矿条件、形成环境及其成因机制等进行的高度概括和总结，所表达的内容着重显示某一类型(或某一成矿系列)矿床的复杂地质现象和矿床基本特征以及矿床成矿规律。矿床成矿模式一直是国内外矿床学、矿床勘查学研究的前沿和热点之一(张贻侠，1993；张均，1997；Thomas et al.，1998；Cooke et al.，1998；Zaw et al.，1999；翟裕生，2001)。一个好的成矿模式可以指出特定类型矿床的典型成矿环境和地质特征，可用来判断未知矿床和矿体可能赋存的有利地质构造部位。据此还可以熟悉各种类型矿床的主要找矿标志及其变化规律，为指导寻找盲矿体提供科学有效的地质依据，这对减少勘查工作盲目性和提高找矿命中率具有重要意义。

本次建立的官房铜矿的成矿模式(图 5－6)，着重考虑了矿床形成的大地构造背景、成矿地质环境(包括赋矿地层的岩性分带和空间展布特征)、控矿构造、矿体地质特征(包括矿体产出的地质构造部位、空间分布、矿体的形态、规模和产状)、成矿系列、成矿物质和成矿流体的来源以及矿床成因机制等。此矿床成矿模式的建立，对官房铜矿乃至南澜沧江陆缘弧云县段的找矿、勘查和研究工作有积极的指导意义。显然，由于官房铜矿还正在勘探之中，因此这一矿床成矿模式的建立具有一定的阶段性，它必定会随着对南澜沧江北段富钾火山岩带和其中的矿床成矿规律研究程度的逐渐深入而逐步得到补充和完善。

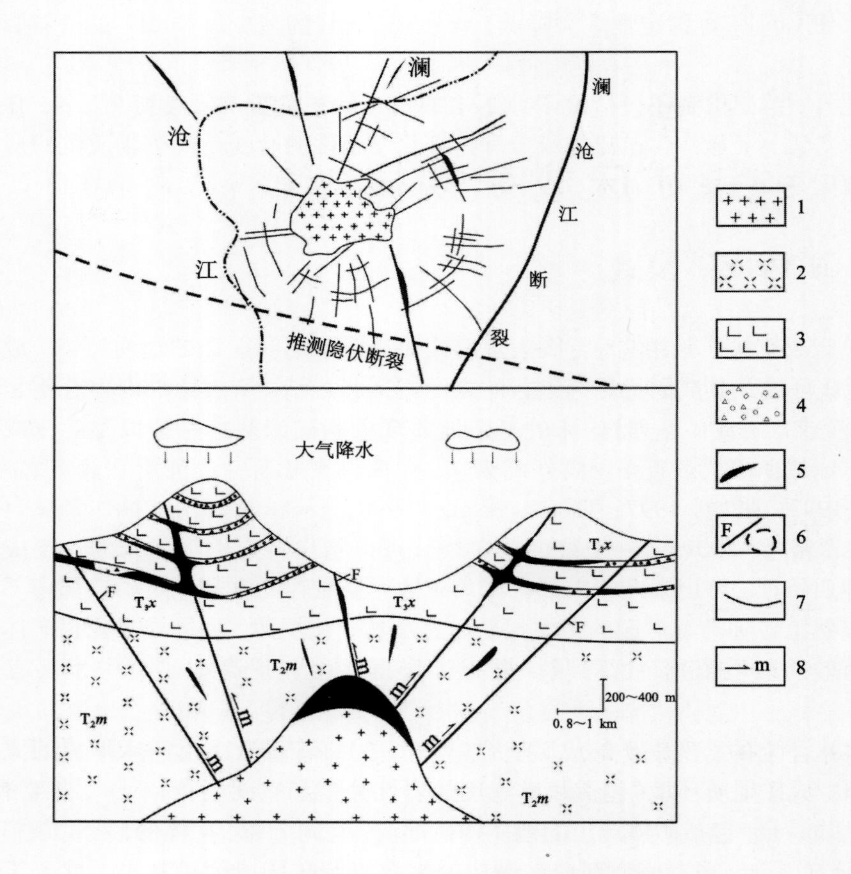

图 5-6　南澜沧江带官房铜矿成矿模式图

1—隐伏的中酸性岩体或次火山岩体；2—中三叠统忙怀组流纹质火山岩；3—上三叠统小定西组玄武质基性火山岩；4—小定西组玄武质基性火山岩喷发旋回顶部的气孔杏仁熔岩及角砾岩；5—矿体；6—断裂；7—岩性界线；8—成矿流体运移方向

第6章　澜沧江陆缘弧云县段铜银矿床成矿规律及找矿方向

澜沧江陆缘弧云县段铜银矿床(点)密集，类型相似，找矿潜力巨大。各矿床(点)的形成、分布和演化均受火山岩岩性、构造、隐伏岩体和次火山岩体等多因素的联合控制，成矿表现出一定的规律性。因此，总结官房铜矿产出的地质环境和成矿规律，对在该区寻找类似的隐伏矿床具有重要的指导意义。

6.1　控矿要素

6.1.1　岩性条件

官房铜矿顺层发育的缓倾斜的层状、似层状矿体都赋存于晚三叠世小定西组火山喷发旋回小韵律顶部的紫红色气孔杏仁玄武岩、钾玄岩和粗玄岩及其角砾岩中。这种岩性有效孔隙较高，岩石力学性质较中下部青灰色致密块状玄武岩弱，在构造应力作用下，容易沿岩层接触面软弱部位(层理和岩性分界面)发生滑动，形成规模较大的层间剥离带和裂隙，构成层间破碎带。层间破碎带为成矿流体提供了良好的运移通道和聚集空间，有利于流体的贯入或交代成矿，在平面上形成"层状""似层状""透镜状"等形态的矿体，形成与地层产状近于一致的控矿构造。如果上面再发育有有效孔隙度相对较低能起到遮挡作用的玄武质凝灰岩，则成矿效果更佳；同时基性岩的碱性成分也有利于富含矿质的酸性流体沉淀成矿，因此岩性控矿实质上也是构造控矿。

6.1.2　构造条件

大地构造运动是岩石圈深部，尤其是软流圈动力显著变化所导致的地球物质的大规模运动。这种运动引起地球上部层圈的物质输送、能量交换和动量传递，推动着岩石圈的演化。从区域性层次看，构造运动常能诱发沉积、岩浆、变质和流体作用，以及改变区域地球物理场的特征。在一定的时空域中，一定性质的构造环境和构造运动，对于成岩和成矿来说，均有其特定的物源、热源、物理化学的和动力学条件，而这些因素又直接或间接地影响区域成岩、成矿的环境、因素和作用过程。

(1)深大断裂控矿

从研究区来看，超壳大断裂控制了不同的成矿区和成矿带。澜沧江深大断裂不仅控制了区域构造演化、沉积建造、火山岩浆活动过程及岩浆活动的展布空间，而且还具直接的导岩、导矿作用，是含矿热液运移的主要通道。因此，澜沧江陆缘弧云县段内的火山岩和侵入岩以及铜银多金属矿床(点)总体上表现为分布在澜沧江深大断裂的两侧附近。

(2)次级构造控矿

在官房铜矿矿区由澜沧江深大断裂、拿鱼河断裂派生的高角度压扭性断裂、张扭性断裂，由区域应力作用在不同火山喷发旋回顶底面产生的层间剥离带和裂隙带，以及由隐伏岩体或次火山岩体沿古火山机构上侵形成的放射状和环状断裂及裂隙(群)，是含矿热液的运移通道和容矿空间，是控制矿体就位、形成的直接控矿构造。在二组或多组不同方向小断裂的交汇部位及断裂构造拐弯地段，在小断裂和层间剥离带交汇部位矿化较为富集。如果断裂引致的节理带发育，在对形成浸染状矿体不利的火山喷发旋回韵律中下部的青灰色致密玄武岩中亦可形成细脉状矿体。

6.1.3 岩浆岩条件

正如前所述，官房铜矿主要成矿物质来源与晚三叠世小定西组中基性火山岩关系不大，矿区向阳山矿段、南信河矿段及矿区外围的文玉、黄草坝一带已发现或推测存在火山机构和隐伏的中酸性岩体或次火山岩体。岩浆活动不仅为成矿活动提供了丰富的成矿物质、矿化剂和成矿动力，而且中酸性侵入体的外接触带也有可能存在矽卡岩型铜矿体，而岩体本身也可能含矿，因此隐伏的中酸性岩体是官房铜矿形成的必不可少的岩浆岩条件。

6.2 地质找矿标志

6.2.1 岩性标志

前述官房铜矿为赋存于晚三叠世小定西组富钾基性火山岩中的浅成中－低温热液矿床。小定西组不同喷发旋回顶部的紫红色、紫灰色气孔杏仁玄武岩、钾玄岩和粗玄岩及其火山角砾岩具有有效孔隙度较高，渗透性强的特点，且层间破碎带发育，为成矿流体提供了良好的运移通道和聚集空间，对矿床的形成起着重要作用。因此位于小定西组不同喷发旋回韵律顶部气孔和杏仁构造发育的紫红色、紫灰色基性火山熔岩是成矿尤其是顺层层状、似层状矿体形成的有利岩性标志。

6.2.2　构造标志

官房铜矿的成矿与隐伏岩体或次火山岩体的岩浆作用有着密切的成因联系，矿体严格受北西向和北东向高角度压扭性断裂、同火山机构和隐伏岩体关系密切的放射状和环状断裂构造制约。矿化在"X"形节理裂隙交切处，次级断层与主断层交切处，次级断层与层间破碎带交切处，断层与节理、裂隙交切处，密集平行节理、裂隙带中通常较富集。故放射状和环状断裂构造及其与有利岩性的叠加部位是矿区矿体有利的赋存部位，也是重要的找矿标志。

6.2.3　遥感标志

反映岩浆和热液活动的环形影像是火山机构和隐伏岩体的遥感标志。火山机构或隐伏岩体是火山岩浆活动、火山热液活动以及火山期后热液活动最为关键的部位，也是后期岩浆活动、热液活动的有利部位。火山机构或隐伏岩体的判别和定位是澜沧江陆缘弧云县段寻找深部隐伏矿床的关键因素之一。在官房铜矿矿区遥感解译显示为放射状断裂与环形构造叠加，在矿区西南同样存在岩浆热液套叠环，各套叠环与官房、文玉、帮东等铜矿床(点)相吻合。

6.2.4　围岩蚀变标志

本区铜矿化伴有较强烈的蚀变。主要蚀变类型包括硅化、黄铁矿化、绿泥石化、碳酸盐化等。黄铁矿化和硅化与成矿关系最为密切，尤其以充填于隐爆角砾岩胶结物中的细粒黄铁矿化更是直接的找矿标志。在范围较大的强蚀变区，特别是各种蚀变叠加的部位，往往存在较大的隐伏矿体，矿体的形态、规模、产状等与蚀变围岩的形态、规模、产状相对应，两者总体上呈明显的消长关系。

6.2.5　地球化学标志

铜、银、铅和锌多元素分散流组合异常是有望的成矿远景区，铜、银、铅次生晕异常浓集中心为有利的成矿地段。在断裂带构造地球化学中，断裂带中成矿元素铜、铅、锌、银含量明显高于断裂带上下盘岩石，是沿断裂带成矿流体活动的证据，大量成矿元素的带入是断裂带找矿的直接标志。

6.2.6　物探激电异常标志

尽管在本区物探方法的应用受到地形条件的限制，高极化率、低电阻率的激电异常仍是指示埋深不大的铜矿体或矿化蚀变体的较可靠标志。矿区已知矿体位置与强度相对较高的铜、铅、银等土壤次生晕地球化学异常和断裂带构造地球化学以及物探激电异常吻合较好，但物探激电异常的应用要结合其他地质找矿标志，单纯的物探激电异常作为找矿标志有很大的局限性。

6.2.7 直接找矿标志

地表的孔雀石、古炉渣、褐铁矿及铜草(图版V -3)可作为直接的找矿标志，井下的充填于隐爆角砾岩胶结物中的细粒黄铁矿化、隐爆角砾岩及断裂破碎带、节理裂隙带中的孔雀石、铜兰也是极为有效的直接找矿标志。

6.3 综合找矿模型

澜沧江陆缘弧云县段中晚三叠世富钾火山岩的空间分布指示了本区铜矿床的区域位置，遥感图像显示的放射状断裂与环形构造叠加，环形影像发育的区段基本上可以确定为找矿远景区，矿区大比例尺地质填图和物化探扫面异常标出的矿体的露头及其产状特征，为矿体的空间定位提供了有效信息。根据官房铜矿的勘查经验和综合分析，初步建立了澜沧江陆缘弧云县段铜银矿床综合找矿模型(表6-1)。

表6-1 澜沧江陆缘弧云县段铜银矿床综合找矿模型

标志分类		特征
区域构造	构造单元 断裂	印支期陆缘弧 澜沧江深大断裂近侧
区域地层	建造 岩性	类似于“双峰式”的火山沉积岩系 流纹岩、粗玄岩、钾玄岩及相应的火山角砾岩、凝灰质砂岩和硅质岩
岩浆岩	火山岩 侵入岩	中三叠世碰撞型流纹质富钾火山岩，晚三叠世滞后型富钾基性火山岩 印支-喜山期的辉长岩-闪长岩-二长花岗岩-花岗岩
含矿围岩		为晚三叠世小定西组富钾中基性火山熔岩或中三叠世忙怀组富钾酸性火山熔岩及其相应的火山角砾岩
蚀变特征		黄铁矿化、硅化、绿泥石化和碳酸盐化与成矿关系密切
地表直接找矿标志		地表的孔雀石、古炉渣、褐铁矿及铜草可作为直接的找矿标志
遥感特征		环形影像发育，放射状断裂与环形构造叠加
区域航磁特征		整体上呈条带状正磁异常，局部显低磁或负磁异常
区域地球化学场		Cu、Pb、Zn、Ag没有明显富集特征
矿区地球物理	重力 激电中梯 EH-4	整体上显高重力，局部有明显的低重力 高极化率、低电阻率与矿体对应 低电阻异常与激电异常吻合较好
矿区地球化学场		Cu-Pb-Zn-Ag等元素次生晕组合正异常

6.4 成矿预测与找矿方向

成矿预测是一项综合性强、难度大的技术性工作，也是一个复杂的系统工程。预测工作必须以地质研究为基础，并正确运用有效的地质理论和合理运用一些技术方法(如地质、物探、化探、遥感等)，以提高成矿预测的科学性和准确性。

本区的成矿预测是在深入研究区域地质背景之后，多年来，通过详细剖析官房铜矿的地质特征、控矿要素和成矿机制，总结矿床的成矿规律，建立矿床成因模式和找矿模型，然后以此为基础，运用构造成矿动力学的研究思路，综合区带内的一些地质调查和物化探成果而进行的，系统总结出成矿预测准则，并以此为依据，紧密结合成矿地质条件，应用地学综合类比法，优选出官房铜矿外围以及澜沧江陆缘弧云县段的铜银矿床重点找矿靶区和靶位。

6.4.1 主要的找矿预测准则

在详细分析本区的区域成矿背景的基础上，结合本区已知矿床产出的成矿条件、控矿要素和矿床的地质、地球化学特征等，将官房铜矿矿区和外围及澜沧江陆缘弧云县段铜银多金属矿床的找矿预测准则归纳如下：

(1)弧火山岩带内环形影像、火山机构、侵入中酸性小岩体及次火山岩体发育地段。

(2)地表矿体(点)和矿化：地表的铜铅矿体(点)的氧化露头、老硐、古矿冶遗址和铜草是成矿预测的直接标志。

(3)有利岩性：上三叠统小定西组富钾中基性火山岩喷发旋回韵律顶部的具有高渗透率的紫红色气孔杏仁熔岩及角砾岩，是成矿的有利岩性条件。

(4)构造地球化学异常：结合构造地球化学异常及其元素组合特征，推测隐伏矿的矿化类型和矿化强度以及成矿流体的运移方向，进行隐伏矿定位预测。

在官房铜矿矿区及在澜沧江陆缘弧云县段运用构造地球化学理论与方法进行找矿预测的依据主要表现在以下三方面：

①矿床明显受构造控制，构造对成矿元素的迁移、富集及成矿物理化学条件的变化起着十分重要的作用，为构造地球化学研究提供了有利条件。

②由于断裂构造是成矿流体活动和矿质聚散的有利通道和场所，矿质聚散的痕迹在断裂带中比岩石中明显得多。而且，深部矿体与地表或浅部的矿化原生晕通过断裂、裂隙相联系，并具有一致性和对应性。因此，通过断裂构造地球化学研究，能为隐伏矿预测提供可靠的信息。

③采用多矿化元素组合可以发现单矿化元素不能确定的异常。

因此，在官房铜矿矿区及澜沧江陆缘弧云县段隐伏矿预测研究中，采用构造地球化学研究方法具有充分的理论依据，能够直观地反映矿化元素组合异常特征，而不像其他物理参数的异常具有较强的多解性。

(5)围岩蚀变的存在类型、范围及其强度：矿区近矿围岩蚀变特征明显，以硅化、黄铁矿化、碳酸盐化、绿泥石化和褪色化蚀变为主，是矿化的重要标志。

(6)控制矿化蚀变带和物化探异常的断裂构造性质和型式：北西向和北东向高角度压扭性断裂、放射状断裂、环状断裂及其派生的次级断裂，次级断裂破碎带之间的交切部位，次级断裂破碎带与基性火山岩喷发旋回之间的层间破碎带、层间滑动带的交切部位是矿体赋存的有利部位。

(7)发育有 Cu - Pb - Zn - Ag 等元素分散流或次生晕组合正异常的区段。

(8)低频大功率激电测量圈定的高激化、低电阻并与高频大地电磁(EH -4)异常吻合较好的综合异常区。

由表6 -2 可知：官房铜矿的铜铅矿石与围岩的电性差异明显，铜矿石的幅频率是围岩的5 ~10 倍，而电阻率则是围岩的1/4 ~1/10。铜铅矿体具有高极化率、低电阻率；未蚀变致密块状玄武岩具有较低的极化率和相对较高的电阻率；气孔玄武岩虽然电阻率低，但其极化率也非常低。从这些特征可以看出，激发激化法是本区寻找埋深不大的铜铅矿体的重要方法与手段，尽管水、黄铁矿化和地形条件等都会对电法找矿带来一定的影响，并对异常解释带来了很多的困难。

表6 -2　官房铜矿矿区及外围岩矿标本参数统计表

序号	围岩及矿石	标本块数	变化范围		几何平均		算术平均	
			$\rho_\alpha/(\Omega\cdot m)$	$\eta_\alpha/\%$	$\rho_\alpha/(\Omega\cdot m)$	$\eta_\alpha/\%$	$\rho_\alpha/(\Omega\cdot m)$	$\eta_\alpha/\%$
1	青灰色致密状玄武岩	30	1548 ~14336	0.75 ~2.1			5137	1.3
2	紫灰色致密状玄武岩	30	4788 ~19799	1.4 ~4.48			11628	2.08
3	紫红色气孔(少)玄武岩	30	140 ~294	1.4 ~2.9			193	2.07
4	紫红色气孔(多)玄武岩	32	357 ~941	1.4 ~4.8			602	2.75
5	青灰色致密块状玄武岩	12	8773 ~18493	2.0 ~4.1	13658	3.41		
6	碳酸盐化玄武岩	11	5769 ~20279	1.4 ~3.3	11304	2.17		
7	硅化玄武岩	3	708 ~1087	1.0 ~1.35	903	1.18		
8	稀疏浸染状铜矿石	16	128 ~763	1.7 ~31.0	486	12.58		
9	稠密浸染状铜矿石	15	38 ~771	3.6 ~40.3	273	16.1		
10	块状富铜矿石	4	48 ~216	5.9 ~28.6	132	15.8		

数据引自《云南省云县官房—粟树铜矿地质勘查报告》，贵州省有色物化探总队，2005。

从理论上说，上述这些找矿预测准则在一个预测区内出现得越多，发现铜矿床或隐伏铜矿体的可能性就会越大。在某一特定的找矿预测区内进行实际找矿预测时，上述这些预测准则不一定会同时出现，但是，这并不能影响对预测区的评价工作。只要在找矿预测工作中能抓住主要的找矿信息，就能对找矿预测区做出评价。

6.4.2　靶位优选与预测依据

根据预测准则，通过综合研究工作，除了在官房铜矿向阳山矿段的深部有着很大的找矿潜力之外，同时在澜沧江陆缘弧云县段优选出以下 5 个重点找铜成矿预测区。

(1)岩脚—南信河—南马村预测区

预测区位于向阳山矿段的东南侧，向阳山向斜的东翼，出露地层为 T_3x^{1-1} ~ T_3x^{2-3}，面积近 15 km^2。

在第 4 章中对岩脚—南信河区段Ⅱ-①和Ⅱ-⑧号矿体计算了储量，并形成了一个开采矿段，但总体上对矿体控制程度不高，计算的资源量也有限。由于二者都是由断裂破碎带控制的陡倾脉状矿体，到目前为止尚未发现类似向阳山矿段Ⅰ号矿体群“楼梯状”有着重大工业价值的矿体，这种类型的矿体是否存在值得探究。目前从岩脚—南信河—南马村预测区取得的部分地质工作成果看，该区已显示良好的成矿环境和巨大的找矿潜力。

提出岩脚—南信河—南马村作为重点找矿靶区的主要依据表现在下面 7 个方面：

①靶区位于向阳山向斜的东南翼，地层与位于向阳山向斜西北翼的向阳山矿段基本一致，具备良好的岩性条件。火山喷发旋回顶部有着良好渗透空间的气孔杏仁熔岩及层间破碎带发育，有利于形成顺层发育的似层状厚大矿体。

②靶区位于推测隐伏岩体或次火山岩体的东南角，放射状、环状断裂发育。断裂 F_2、F_3、F_5、F_{13}、F_{14}呈放射状分布。

③区内放射状断裂存在明显的构造地球化学异常，表现为 Cu 和 Pb 的高度富集。在 F_2、F_5和 F_{13}中存在走向与断裂完全一致的脉状、透镜状铜矿化露头，表明这些放射状断裂是矿区重要的导矿和容矿构造。

④铜铅矿化露头分布广泛，到目前为止，在岩脚—南信河—南马村一带已发现铜铅矿化露头一共 13 处。这些露头除 3 个直接赋存于放射状断裂之中外，其余矿化露头均赋存于放射状断裂附近且走向与其交切的次级断裂破碎带中，呈陡倾和透镜状产出，分布标高为 1100 ~ 1800 m。

⑤围岩蚀变发育普遍，以硅化、黄铁矿化、褐铁矿化、绿泥石化和碳酸盐化为主，分布面积较大。

⑥共发现次生晕化探异常 4 个，以 17 号异常规模最大，分布于预测区南部的南信河—南马村一带，异常面积约 0.8 km^2，衬度值分别为 Cu 1.53、Pb 3.58、

Ag 1.10，衬度值不高，与向阳山矿段的次生晕异常特征一致。异常峰值为Cu 106×10^{-6}、Pb 1207×10^{-6}，异常明显受构造控制。异常区内已有Ⅱ－①、Ⅱ－②和Ⅱ－③铜矿化露头出露，故肯定为矿致异常。

⑦在预测区已做4 km^2的激电中梯扫面，发现激电异常18个，其中规模较大的5个。视幅频率值为3%～4.5%，为低缓异常，这与矿区标高较高位置的似层状矿体黄铁矿不发育有关，异常特征与向阳山矿段的矿致异常相吻合。在形态上各个异常呈断续分布，整体上与放射状断裂交切，若与向阳山激电异常连成一体，则形成明显的半环形。

(2)南坎—大麦地预测区

预测区位于官房铜矿的东北侧，官房—文玉环形影像和栗树环形影像之间，受澜沧江深大断裂和拿鱼河断裂所夹持，处于NE向F_6断层两侧，大麦地向斜轴部及两翼。出露地层包括T_3x^{2-2}、T_3x^{2-3}和T_3x^{3-1}，面积约6 km^2。

提出南坎—大麦地预测区作为重点找矿靶区的主要依据表现在下面5个方面：

①靶区位于大麦地向斜轴部及两翼，出露地层为与成矿关系密切的T_3x^{2-2}、T_3x^{2-3}和T_3x^{3-1}，具备良好的岩性条件。

②预测区内已发现铜铅矿化体露头4个，矿化体明显受构造控制，产于F_6断裂的次级裂隙带中，呈脉状、透镜状产出。

③共发现次生晕化探异常2个，其中12号异常规模较大。异常分布于大麦地向斜近轴部，并受F_6断层控制，整体呈NE向展布。异常峰值Cu 270×10^{-6}，Pb 816×10^{-6}。异常规模较大，综合面积约1.84 km^2，具多个浓集中心，找矿前景较好。

④在预测区已完成3.8 km^2的激电中梯扫面，发现激电异常8个，其中规模较大的5个，均位于F_6断层上下盘附近，其中Ⅰ和Ⅱ号异常规模较大，均为强度不是很大的低缓异常，可能由矿化引起。

Ⅰ号异常位于F_6断层北西盘，受与F_6断层平行的次级断裂和裂隙带控制，呈NE向展布。走向长>1500 m，宽300～400 m，Ⅲ－①和Ⅲ－②号铜铅矿化体分布于104和105线之间，Ⅲ－③号铜铅矿化体分布于109线。推测该异常由与F_6断层平行的，若干个尖灭再现的透镜状铜矿体所引起，是明显的规模较大的矿致异常。

Ⅱ号异常呈近SN至NNE向延伸，长约500 m，宽约100 m，受NNE向呈雁行状排列的次级小断裂控制，在异常的南端出露有Ⅱ－⑨号铅矿体，应为矿致异常。

⑤预测区蚀变发育普遍，以硅化、绿泥石化和碳酸盐化为主。

(3)文玉—黄草坝—下邦东预测区

预测区位于澜沧江深大断裂的西侧景东县境内，地理坐标为东经100°24′5″，北纬24°2′5″，与官房铜矿隔澜沧江相望，面积近25 km^2。文玉铜矿早在1959年10月就通过了云南十六地质队小面积详查评价，提供C+D级储量近10000 t，具小型铜矿床规模。近几年民营企业出资进行风险勘探，目前铜银储量已达中型规模。

矿区出露地层较单一，为晚三叠世小定西组(T_3xd)，岩性为富钾基性熔岩夹火山碎屑岩组合，局部可见花岗斑岩(石英斑岩)岩脉。矿区主要出露上部三个旋回(T_3xd^3、T_3xd^4、T_3xd^5)，小定西组火山岩在矿区厚度较大，粒度粗，向南向北均有厚度变薄、粒度变细趋势，且地层围绕大扁山呈环形分布，推测矿体赋存部位可能为古火山口附近。

文玉铜矿目前所发现的矿体可分为两个类型：一是顺层发育的层状、似层状矿体，以V1矿体为代表，铜矿体主要赋存于大扁山向斜东西两翼三叠系上统小定西组火山岩系第四段第二亚段(T_3xd^{4-2})，浅紫红色、浅灰绿色，气孔状、杏仁状、斑杂状玄武岩火山喷发旋回小韵律层内。矿体出露标高1670~1750 m，呈北西—南东向展布，透镜状、豆荚状产出，产状大体与地层产状一致。矿体长490 m，平均厚18.44 m，厚度变化大，两头厚、中间薄，形似哑铃状；另一种类型是严格受北东或北西向陡倾压扭性断裂破碎带控制的脉状、透镜状铜铅矿体，矿体一般长63~200 m，平均厚3.61~5.81 m，以V2、V4、V5矿体为典型。

区内次级褶皱和断裂极其发育，北西向(300°)和北东向(35°~45°)两组断裂是目前已发现矿体的主要控矿构造(图6-1)，矿体沿断裂呈不连续或相互平行的透镜体，与围岩界线不清，但总体上呈陡倾斜产出(图6-2)。矿石矿物主要为黄铜矿、斑铜矿、辉铜矿、方铅矿和黄铁矿，呈他形粒状充填或交代于玄武岩的气孔杏仁或岩石节理裂隙带中。围岩蚀变以绿泥石化、绿帘石化、碳酸盐化和硅化为主，其中硅化与成矿最为密切。

早在2004—2006年间，笔者曾多次赴文玉及其周边矿点考察，认为这一带总体上地质工作程度不是很高，控制范围有限，成矿规律完全可以同官房铜矿类比，找矿潜力依然巨大。

无论是从地质背景、岩矿石特征上看，还是从控矿要素、围岩蚀变类型上分析，文玉铜矿及周边的铜矿点的地质特征与官房铜矿几乎完全一样。实际上，官房铜矿和文玉铜矿应为同一矿田的两个不同矿床，二者有近似的成矿机制。

提出文玉—黄草坝—下邦东预测区作为重点找矿靶区的主要依据表现在以下7个方面：

①预测区内环形影像发育，环的直径为3~7 km，各方向线性构造交切，并有EW向隐伏断裂叠加形成构造结点，为深部物质上溢通道和存留场所。

②预测区出露地层与官房铜矿矿区地层基本一致，具备良好的岩性条件。火

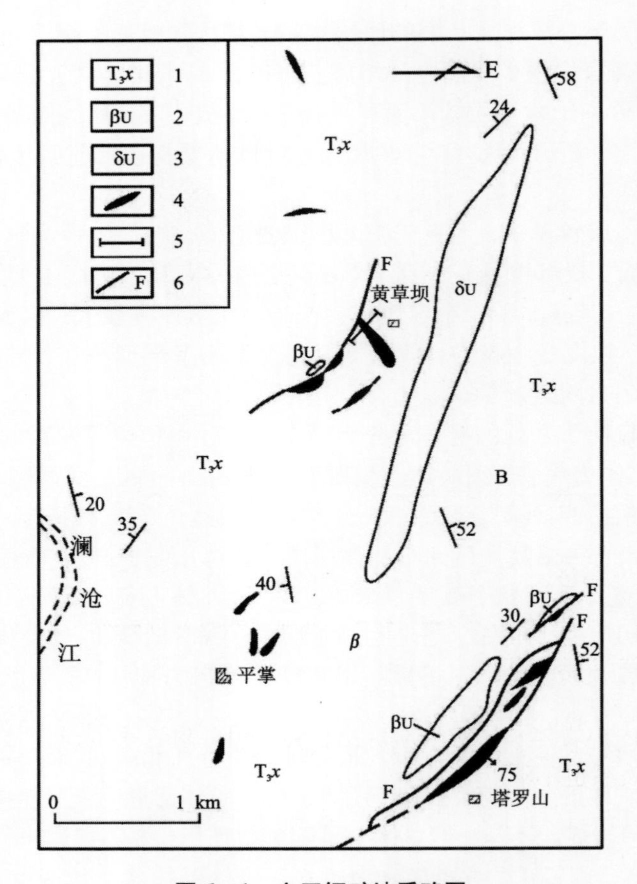

图 6－1 文玉铜矿地质略图

[据云南 1∶20 万区域地质调查报告云县—景谷幅(矿产部分), 1977, 有改动]

1—上三叠统小定西组基性火山岩; 2—辉绿岩; 3—闪长岩; 4—铜铅矿体; 5—地质剖面; 6—断层

山喷发旋回顶部有着良好渗透空间的气孔杏仁熔岩及层间破碎带发育, 有利于形成大致顺层的浸染状似层状厚大矿体。

③预测区内已发现小型铜矿 1 处, 铜矿点 5 处, 矿床(点)均明显受断裂构造控制, 呈脉状、透镜状产出。

④在标高较低(比官房铜矿低 700 ~ 1000 m)的铜矿点如邦东和平掌村, 在铜矿体中出现了 Au 矿化, 含 Au 可达 0.26 g/t。在官房铜矿和文玉铜矿深部是否存在铜金矿体, 非常值得关注和期待。

⑤在 1∶20 万化探显示, 预测区内有 Cu、Pb、Zn 组合异常带共 2 个, 异常强度不高, Cu 106×10^{-6}、Pb 233×10^{-6}、Zn 556×10^{-6}, 但这一区段与新发现的铜矿体套合的化探异常都是如此。

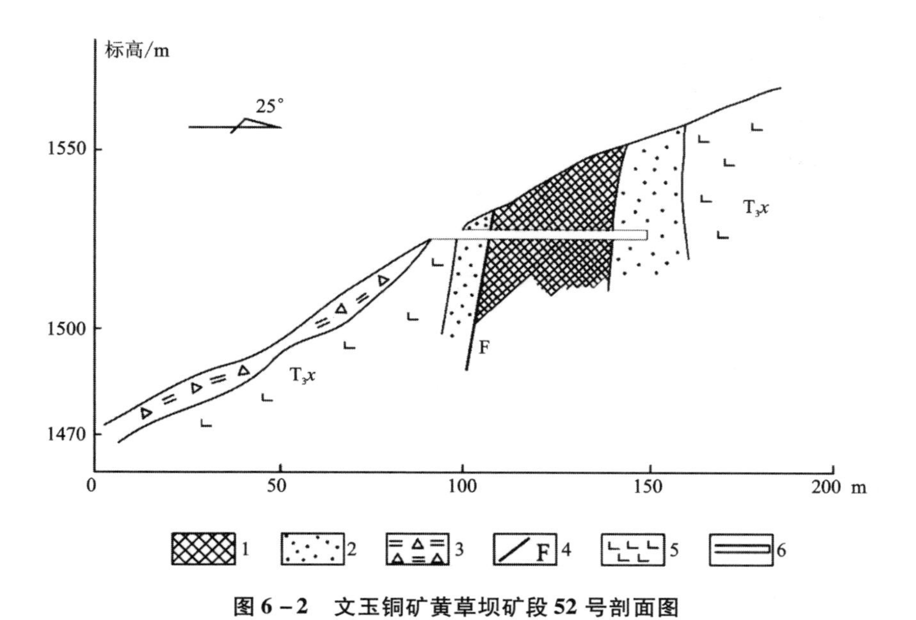

图 6－2　文玉铜矿黄草坝矿段 52 号剖面图

1—矿体；2—蚀变带，3—浮土；4—断层；5—小定西组基性火山岩；6—探矿坑道

⑥预测区内小岩体和岩脉分布广泛，文玉铜矿附近有闪长岩体发现，但时代不明，与成矿关系也不清。

⑦ 预测区内目前尚未发现有同官房铜矿一样的具有重大工业价值的“楼梯状”矿体，因而找矿空间很大。

(4)草子地—新村预测区

该区东与南澜沧江深断裂为邻，西与临沧—勐海花岗岩带相接，呈 SN 向的拿鱼河断裂从预测区中间穿过。区内广泛发育中三叠世忙怀组酸性火山岩和晚三叠世小定西组基性火山岩以及印支－燕山期中酸性侵入岩。岩体及围岩蚀变强烈，有硅化、绢云母化、绿泥石化、碳酸盐化、黄铁矿化等。区内有草子地小型铜矿 1 处，有龙竹坡、下田心、新村铜矿点 3 处，铁厂、背阴山和大炉田铜矿化点 3 处(图 6－3)。

①草子地铜矿

区内出露地层主要为中三叠世忙怀组火山－沉积建造，由流纹岩、流纹斑岩、流纹质角砾熔岩、凝灰岩、凝灰角砾岩和黏板岩等组成。燕山早期花岗岩、花岗闪长岩、花岗斑岩、二长斑岩等小岩体、岩枝十分发育。花岗岩、闪长岩、辉绿岩、煌斑岩等脉岩大量分布。

草子地岩体为一北西向椭圆形侵入体，侵入于忙怀组酸性火山岩中。岩体内

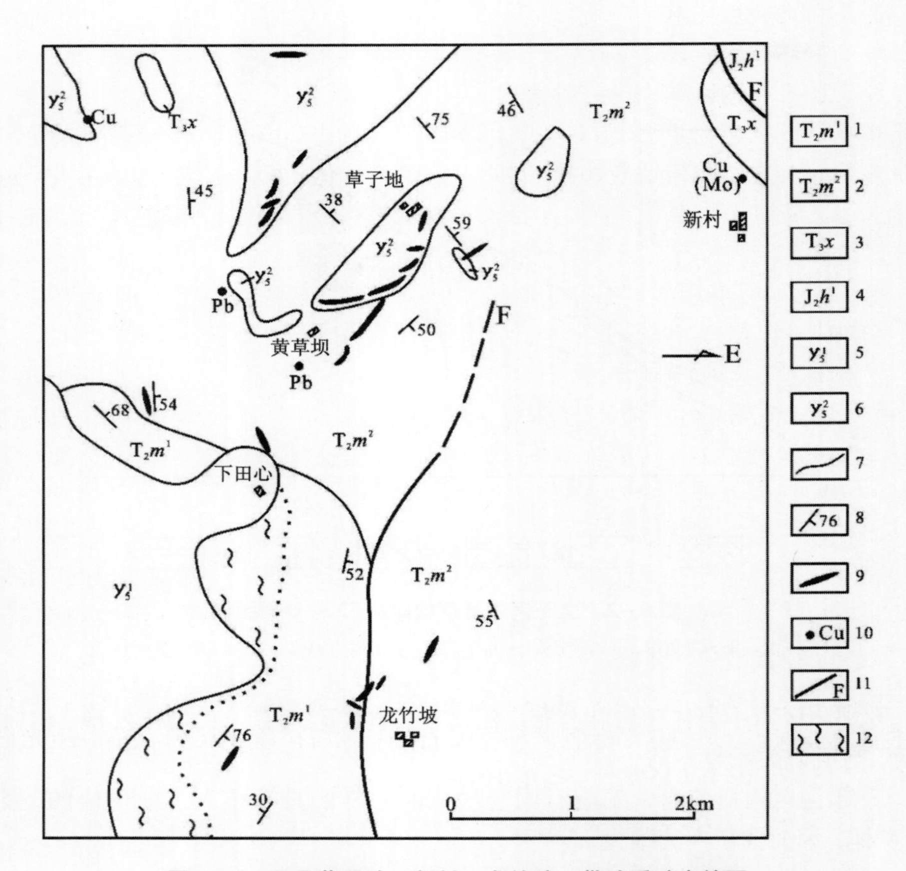

图 6-3　云县草子地—新村—龙竹坡一带地质矿产简图

［据云南 1∶20 万区域地质调查报告云县－景谷幅(矿产部分)，1977，有改动］

1—中三叠统忙怀组下段；2—中三叠统忙怀组上段；3—上三叠统小定西组；4—中侏罗统花开佐组下段；5—印支期花岗岩；6—燕山早期花岗岩；7—地质界线；8—地层产状；9—铜矿体；10—产状不明矿化(体)及矿种；11—断层；12—混合岩化带

部常有不规则状火山岩残体。岩石以中－细粒蚀变花岗岩为主，并有部分花岗闪长岩，二者为渐变过渡，属于剥蚀较浅的边缘带。

矿体产于草子地岩体的内外接触带，主要受 NE 及 EW 向两组剪切构造裂隙控制，NE 向构造裂隙延伸较长，产状稳定；EW 向构造裂隙产状变化大，常见分枝复合现象。矿体在此接触带中呈串珠状、扁豆状、脉状或不规则状产出，多倾向北和北西，倾角 40°～70°，属陡倾斜脉状矿体。

区内共发现矿脉十余条，其中最大矿体长 600 m，厚 1～2.5 m，延深 300～400 m，品位 2.25%。

矿脉在地表氧化淋失严重，多呈褐铁矿铁帽，含铜量显著降低，但在冲沟深切部位的探矿平硐中，原生硫化矿含量显著增高，最高品位可达4.87%。

原生矿石矿物以黄铜矿、黝铜矿为主，次为黄铁矿和少量方铅矿、闪锌矿。脉石矿物以菱铁矿为主(约占60%)，石英次之(约占20%)。矿石构造以浸染状、细脉浸染状为主。围岩蚀变普遍，以硅化、绢云母化、黄铁矿化、绿泥石化、绿帘石化为主，高岭土化次之。硅化、绢云母化与矿化最为密切，绿泥石化、绿帘石化、黄铁矿化围绕硅化、绢云母化的外围分布。

分布在地表的铁帽以褐铁矿为主(70%)，石英次之(20%)，赤铁矿、辉铜矿、斑铜矿、孔雀石、铜蓝等少量。

②新村铜(含钼)矿点

新村矿点位于拿鱼河断裂的东侧，草子地铜矿东南方向约3.5 km处。出露地层与草子地铜矿一样主要为中三叠世忙怀组火山-沉积建造，晚三叠世小定西组基性火山岩经深度剥蚀仅有局部出现。

矿化产于蚀变石英斑岩(也可能为次火山岩)中。岩体蚀变强烈而普遍，以硅化、绢云母化为主，部分闪长岩遭强烈硅化、绢云母化而成英绢片岩和强蚀变绢英岩。黄铁矿化、绿泥石化、绿帘石化、高岭土化亦较发育。围岩蚀变有硅化、绢云母化、绿泥石化、高岭土化、碳酸盐化和角岩化。

新村矿点目前已发现铜矿化露头数处，矿石呈星散状和细脉浸染状，矿石矿物主要为黄铜矿、斑铜矿、赤铜矿和孔雀石等；脉石矿物主要为石英。经光谱分析Cu 1.15%，Mo 0.015%，Ag >0.01%。

区内侵入岩经光谱分析普遍含Cu、Mo较高。附近的黄草坝黄铁矿化点，各种蚀变岩石含Cu $100\times10^{-6}\sim200\times10^{-6}$、Mo 10×10^{-6}，部分含Mo $15\times10^{-6}\sim25\times10^{-6}$，个别含Mo可达$50\times10^{-6}$。新村铜(含Mo)矿点的蚀变石英斑岩含Mo可达$150\times10^{-6}$。除此之外，在侵入岩体附近还发现有Cu、Pb、Zn、Au和Mo的组合地球化学异常。

新村矿点虽然控制的规模很小，尚不具备工业价值，但其提供了非常重要的找矿线索。

提出草子地—新村一带作为找矿预测区的主要依据表现在以下6个方面：

a. 南澜沧江印支期陆缘弧火山岩带位于古中特提斯南澜沧江洋板块与思茅地块俯冲消减地带，属全球特提斯—喜马拉雅斑岩铜矿带的东延部分。

b. 预测区内环状构造发育，各种类型、期次的小岩体、岩脉极其发育且蚀变强烈。

c. 预测区内已发现小型铜矿一处，有铜矿点3处，铜矿化点3处。矿体和矿化体明显受构造和岩体控制。

d. 各矿点、矿化点围岩蚀变普遍而强烈。

e. 在小岩体附近出现有 Cu、Pb、Zn、Au 和 Mo 的岩石及土壤次生晕组合地球化学异常。

f. 部分斑岩体和蚀变岩石显示了 Mo 的高富集特征。

草子地—新村预测区与官房—文玉矿区不同的是，由于晚三叠世小定西组基性火山岩的大量剥蚀，以致区内出露地层主要为中三叠世忙怀组酸性火山岩，表现了与基性火山岩区不同的成矿特征。然而两者又有联系，草子地—新村预测区的某些地质特征有可能与官房—文玉矿区深部有某些类同并且值得对比的地方。

草子地—新村预测区的区域地质背景、构造条件、围岩蚀变特征以及岩石、土壤地球化学特征等，与一般斑岩铜矿中带－外带相似。由于总体上工作程度不高，研究不够且缺乏重型工程对深部的有效控制，预测区内是否有斑岩铜矿的生成，以及进一步地推测，官房—文玉矿区由于巨厚的小定西组基性火山岩的覆盖，其深部的岩体中是否有可能存在斑岩铜矿，这一切目前尚难得出确切的结论，但这一线索为南澜沧江火山岩带找斑岩铜矿提供了信息，同时也为官房—文玉矿区的深部找矿开阔了思路。

(5) 粟树—邦东预测区

预测区位于澜沧江深大断裂的西侧，官房铜矿北东方向约 20 km 处，面积近 30 km^2。出露地层同官房铜矿基本一样，主要为晚三叠世小定西组基性火山岩系，局部出现中三叠世忙怀组火山－沉积建造。

提出将粟树—邦东一带作为找矿预测区的主要依据表现在下面 4 个方面：

①预测区内环状影像发育，各种类型、不同时代和期次的小岩体、岩脉发育。

②预测区出露地层与官房铜矿矿区地层基本一致，具备良好的岩性条件。火山喷发旋回顶部有着良好渗透空间的气孔杏仁熔岩及层间破碎带发育，有利于形成大致顺层的浸染状似层状厚大矿体。

③预测区内已发现小型铅矿(邦东)1 个，含铜富银，铜矿化体露头 3 个。矿体、矿化体明显受构造控制，周围蚀变发育普遍，以硅化、绿泥石化和碳酸盐化为主，与官房铜矿类似。

④预测区内发现有 Cu、Pb、Zn 的次生晕化探异常，异常规模大，具多个浓集中心。

6.5 主要结论

本书通过详细解剖澜沧江陆缘弧云县段的中－晚三叠世富钾火山岩以及产于其中的小岩体之一的老毛村岩体和典型矿床——官房铜矿，主要取得了以下新的认识和进展：

(1) 研究区内晚三叠世小定西组基性火山岩为高钾钙碱性－钾玄岩系列，富集轻稀土元素，无Eu或弱的负Eu异常。火山岩的微量元素配分分布模式显示大离子亲石元素K、Rb、Ba、Th强烈富集，而Ti、Y、Yb、Cr则明显亏损。大量的常量和微量元素构造环境判别图解显示小定西组基性火山岩具活动大陆边缘的弧火山岩的特征。同位素研究表明小定西组火山岩具高$n(^{87}Sr)/n(^{86}Sr)$值特征，其平均值为0.708，明显高于均一储集库的$[n(^{87}Sr)/n(^{86}Sr)]_{UR}$值0.7045；$\varepsilon(Nd)$均为负值，即为$-2.48\sim-1.21$；$n(^{143}Nd)/n(^{144}Nd)$值低，小于未分异的球粒陨石地幔值。微量元素和Sr、Nd同位素特征表明小定西组富钾基性火山岩既显示出一些壳源岩石的特点，但同时具有幔源岩石的特征。这种具有双重特征的岩石与来源于EMⅡ富集地幔的岩石一致，显示其源区具有壳幔混源性质，即存在部分沉积物、陆壳物质和地幔岩的深部混合作用，这种源区的形成与特提斯澜沧江洋板块向东的俯冲消减作用有必然的因果关系。

(2)研究区内中三叠世忙怀组流纹质火山岩的化学成分具有高硅、高钾、低钛、中等Al_2O_3、$w(CaO)<1\%$、$ALK<8\%$、铝饱和指数$A/CNK>1.1$、里特曼指数σ小于3.3，但$w(K_2O)>w(Na_2O)$之特征，属于弱碱质流纹岩中的钾质流纹岩，为钙碱性系列，与晚三叠世玄武质火山岩共同构造两个大的喷发旋回。忙怀组酸性火山岩也富集轻稀土元素和大离子亲石元素，具强的Eu负异常，但贫高场强元素Ta、Nb、Ti和亲铁元素。火山岩的$n(^{87}Sr)/n(^{86}Sr)$平均值为0.755，高于下地壳的上限值0.710；$\varepsilon(Nd)$均为负值，为$-3.63\sim-1.66$，远大于大陆地壳的平均值-15。岩石的地质地球化学特征表明忙怀组酸性火山岩的岩浆来源以壳源为主，主要为陆壳物质的重熔产物，同时有消减带物质的参与，从而表现出“碰撞型”弧火山岩的特点。

(3)小定西组基性火山岩中所夹硅质岩化学成分以SiO_2为主，含量为$96.28\%\sim97.92\%$，其次为FeO和Al_2O_3，其他成分含量都很低。硅质岩主要属于生物成因，其常量和稀土元素判别图解表明，硅质岩形成于大陆边缘区，这与中晚三叠世火山岩形成于大陆边缘弧构造环境的结论一致。

(4)老毛村岩体的岩石类型主要为二长花岗岩，具有高硅、富钾、过铝、钙碱性“S”形花岗岩特征；岩体的常量元素、稀土元素和微量元素特征与其围岩之一的中三叠世忙怀组“碰撞型”高钾流纹质弧火山岩有很大的相似性，体现了它们之间的演化关系。成岩物质主要为壳源，多种氧化物和微量元素构造环境判别图解结果表明，老毛村岩体兼具有火山弧花岗岩和后造山花岗岩的特征，为特提斯澜沧江洋板块向东与思茅地块碰撞之后转入伸展引张体制下地幔底辟上隆发生地壳深融作用的产物。老毛村岩体形成的构造环境为“后造山”，岩体的$w(Rb)-w(Sr)$同位素年龄为$169\pm5Ma$，形成时代为晚侏罗世。

(5)官房铜矿的矿体严格受断裂构造和火山岩岩性双重控制，脉状矿体切割地层，穿切小定西组不同亚段地层，矿石中脉状、角砾状构造发育等特征充分表明矿床的形成时代晚于小定西组基性火山岩的形成年代。小定西组各分段在区域地层剖面中均无铜的初始富集，矿石与围岩的稀土元素地球化学特征有着显著的差别，这表明官房铜矿在形成过程中小定西组富钾基性火山岩不能作为初始矿源层，虽然地层中的铜对成矿可能有一定的贡献，但主要成矿物质应该来源于深部，不过需要指出的是小定西组火山岩每一次喷发旋回顶部由气孔杏仁熔岩和角砾岩组成的高渗透区域是矿床尤其是似层状矿体形成的良好容矿空间，对似层状矿体的形态具有控制作用。

(6)官房铜矿与典型的"火山红层铜矿"相比，有一些共同点，但官房铜矿玄武质火山岩的铜背景值低，基本上没有发生绿片岩相的变质作用，黄铁矿化和硅化等围岩蚀变十分发育且与成矿关系密切等特征又清楚地显示官房铜矿有自己鲜明的特点。矿区 H、O、S、Pb 同位素、稀土元素、微量元素和包裹体等地球化学特征表明矿床成矿物质主要来源于深部；成矿流体为低－中盐度的 $H_2O-NaCl-CO_2$体系；成矿流体主要为岩浆水和大气降水的混合流体；矿床形成于一种相对开放的体系。结合矿床产出构造环境、围岩蚀变类型、控矿要素、流体包裹体和同位素特征等分析，笔者认为官房铜矿属于浅成中－低温火山次火山热液矿床，成矿可能与同火山机构有关的印支期的次火山岩体或中酸性隐伏岩体的岩浆作用有密切的成因联系。推测次火山岩体或隐伏岩体位于南信河—草子坝—文玉一带。

(7)南澜沧江带火山岩的演化历史表明，晚三叠世是区域应力场转折时期。晚三叠世时大规模的伸展作用、高钾钙碱性－钾玄岩系列岩石的大量发育以及后来的成矿作用事件不是偶然孤立的，而是受某种统一的深部作用机制的制约，而岩石圈拆沉作用可能是一种合理的深部作用机制。晚三叠世之后，由于印度板块向北冲挤，引发弧后陆内产生大规模下切地幔的逆冲推覆－走滑－伸展构造(澜沧江超壳断裂)的重新活动，可能导致滞留于构造带内地幔中的大洋板块残片(可能具有 Cu、Ag 等矿化元素的高背景值)部分熔融，沿构造薄弱部位(如古火山机构、大断裂交汇部位等)上侵。熔融形成的初始富 Cu 等矿化元素的富挥发分和钾质的中酸性岩浆，经多次上侵、不断分异演化，到晚期阶段演变成富含 Cl^- 和 HS^- 等挥发分和 Cu^{2+}、Pb^{2+}、Ag^+ 等矿化元素的中酸性熔融体。在构造动力和本身挥发分的作用下成矿流体不断沿断裂运移，上侵至小定西组基性火山岩或忙怀组酸性火山岩中的有利部位淀积成矿。因此，南澜沧江带的构造背景的演化与岩浆作用，岩浆演化与成矿作用是一个统一作用的整体，成矿作用只是其中最后的一个环节。

(8)通过研究和总结官房铜矿的地质特征和成矿规律，阐述了铜矿体与火山岩的时空关系和成因联系，突破了"顺层鸡窝矿"的观点，提出了"矿带陡倾斜矿体成层"的成矿规律，经工程验证发现了厚大铜银矿体。官房铜矿地质找矿工作也因此取得了历史性的重大突破，现已初步控制 121 +333 +334 铜金属资源量近 50 万吨，银资源量 1500 吨。首次建立了官房铜矿的成矿模式和南澜沧江弧火山岩带云县段铜矿床综合找矿模型，明确了地质找矿标志，肯定了研究区的找矿前景，优选了找矿靶区和找矿远景区。短短三年时间，官房铜矿从一个资源消耗殆尽频临倒闭的小厂一跃成为临沧市年利税过亿元的龙头骨干企业，进而成为南澜沧江弧火山岩带矿业开发的一面旗帜，产生了巨大的经济和社会效益。

需要指出的是，本次研究只能算是一个开端，尽管本研究取得了上述初浅的认识和成果，但由于受项目研究经费、研究周期和研究水平所限，尚还存在许多不足乃至谬误，比如，首先官房铜矿的地质勘探工作还远未结束，可能不断会有新的发现和认识出现；其次官房铜矿矿床的形成时代尚缺乏同位素年代学严格的时间约束；再次对文玉铜矿周边的闪长岩体及官房铜矿向阳山矿段新发现的闪长岩体的地质地球化学特征以及它们的含矿性还需更深入系统的研究；此外南澜沧江带北段的富钾火山岩和中南段的富钠火山岩成岩成矿机制的差别以及区内火山 - 侵入岩的演化机制尚不完全清楚等，所有这些问题都有待于今后继续研究和探讨，进而推动整个南澜沧江弧火山岩带地质和矿床研究水平的进步。

参考文献

[1] 莫宣学，路凤香，沈上越，等. 三江特提斯火山作用与成矿(地质专报第20号)[M]. 北京：地质出版社，1993，1-233.

[2] 莫宣学，沈上越，朱勤文，等. 三江中南段火山岩-蛇绿岩与成矿[M]. 北京：地质出版社，1998，5-46.

[3] 陈毓川. 中国主要成矿区带资源远景评价[M]. 北京：地质出版社，1999.

[4] 李定谋，王立全，须同瑞，等. 金沙江构造带铜金矿成矿与找矿[M]. 北京：地质出版社，2002.

[5] Morrison G W. Characteristics and tectonic setting of theshoshonite rock association[J]. Lithos, 1980, 13: 97-108.

[6] Foley S F, Peccerillo A. Potassic and ultrapotassic magmas and its origen [J]. Lithos, 28: 181-196.

[7] Muller D, Rock N M S, Groves D I. Geochemical discrimination betweenshoshonitic and potassic volcanic rocks from different tectonic setting: A pilot study [J]. Mineral Petrol, 1992, 46: 259-289.

[8] Muller D, Groves D I. Potassic igneous rocks and associated gold-copper mineralization[M]. 3rd eds. Berlin: Springer-Verlag, 2000, 1-252.

[9] 邱检生，徐夕生，蒋少涌. 地壳深俯冲与富钾火山岩成因[J]. 地学前缘，2002，10(3)：192-199.

[10] 朱勤文，沈上越，杨开辉，等. 澜沧江带火山岩构造-岩浆类型与特提斯演化. 青藏高原地质文集(21)[M]，北京：地质出版社，1991：126-140.

[11] 朱勤文. 滇西南澜沧江带云县三叠纪火山岩大地构造环境[J]. 岩石矿物学杂志，1993，12(2)：134-142.

[12] 方宗杰，周志澄，林敏基. 关于滇西地质的若干新认识. 科学通报[J]，1990，35(5)：363-365.

[13] 方宗杰，周志澄，林敏基. 从地层学角度探讨昌宁—孟连缝合线的若干问题. 地层学杂志[J]，1992，16(4)：292-302.

[14] 从柏林. 中国滇西地区古特提斯演化的岩石学纪录. 见：亚洲的增生[M]. 北京：地震出版社，1993.

[15] 刘本培，冯庆来，方念乔，等. 滇西南昌宁—孟连和澜沧江古特提斯多岛洋构造演化[J]. 地球科学——中国地质大学学报，1993，18(5)：529-539.

[16] 李兴振，许效松，潘桂棠. 泛华夏大陆群与东特提斯构造演化. 岩相古地理[J]，1996，15(1).

[17] 李兴振，刘文均，王义昭，等. 西南三江特提斯构造演化与成矿[M]. 北京：地质出版社，1999.

[18] 王义昭，李兴林，段丽兰，等. 三江地区南段火山构造与成矿[M]. 北京：地质出版社，2000，1－140.

[19] 罗君烈. 滇西特提斯造山带的演化及基本特征[J]. 云南地质，1990，9(4).

[20] 段锦荪，侯增谦，张罡，等. 滇西地区晚古生代裂谷作用与成矿[M]. 北京：地质出版社，2000，1－58.

[21] 潘桂棠，陈知冠，李兴振，等. 东特提斯构造形成演化[M]. 北京：地质出版社，1997.

[22] 徐晓春，黄震，谢巧勤，等. 云南景谷宋家坡铜矿床成岩成矿的 Sm－Nd 和 $^{40}Ar-^{39}Ar$ 同位素年龄[J]. 地质论评，2004，50(1)：99－104.

[23] 许东，李文昌，赵志芳，等. 云南铜矿成矿规律与遥感预测[J]. 云南地质，2004，23(1)：38－46.

[24] Mitchell A H G and Garson M S. Mineral deposits and global tectonicsetting[M]. Academic Press, London, 1981.

[25] 范承均，张翼飞. 云南西部地质构造格局. 云南地质[J]，1993，12(2)

[26] 阙梅英，陈敦模，张立生，等. 兰坪—思茅盆地铜矿床[M]. 北京：地质出版社，1998，1－109.

[27] 陈吉琛. 滇西花岗岩类时代划分及同位素年龄值选用的讨论[J]. 云南地质，1987，6(2)：1－12.

[28] 尹汉辉. 滇西地洼构造与成矿[M]. 长沙：中南工业大学出版社，1993

[29] 冯庆来，刘本培. 滇西南晚二叠世，早中三叠世放射虫研究[J]. 地球科学，1993，18(5)：540－552.

[30] Binard N. Morphostructural study and type of vocanism of submarine volcanoes over the Pitcarin hot spot in the south Pacific. Tectonophysics[J], 1992, 206: 245－264.

[31] 李继亮. 滇西三江带的大地构造演化. 地质科学[J]，1988，第4期.

[32] 陈吉琛. 滇西花岗岩类形成的构造环境及岩石特征[J]. 云南地质，1989，8(3－4)：205－212.

[33] 刘昌实，蔡德坤. 滇西临沧复式岩基特征研究[J]. 云南地质，1989(3)：189－204.

[34] England P C, Thompson A B. 区域变质作用的压力－温度－时间轨迹，I 陆壳增厚区演化过程中的热传递[J]. 国外地质科技，1987，第8期.

[35] 邓晋福，赵海玲，莫宣学，等. 1996. 中国大陆根－柱构造——大陆动力学的钥匙[M]. 北京：地质出版社.

[36] 黄汲清，陈国铭，陈炳蔚. 特提斯—喜马拉雅构造域初步分析[J]. 地质学报，1984，58(11).

[37] 段嘉瑞，等. 滇西澜沧裂谷[J]. 大地构造与成矿学，1991，3：156－167.

[38] 彭头平，王岳军，范蔚茗，等. 澜沧江南段早中生代酸性火成岩 SHRIMP 锆石 U－Pb 定年及构造意义[J]. 中国科学 D 辑 地球科学，2006，36(2)：123～132.

[39] Le Maitre R W, Bateman P, Dudek A, et al. A Classification of Igneous Rocks and Glossary of

Terms: Recommendation of the International Union of the Geological Subcommission on the Systematic of Igneous Rocks[M]. Oxford: Blackwell Scientific, 1989.

[40] Rickwood P C. Boundary lines within petrologic diagrams which use oxides of major and minor elements[J]. Lithos, 1989, 22: 247 - 263.

[41] 王焰，钱青，刘良，等. 不同构造环境中双峰式火山岩的主要特征[J]. 岩石学报，2000，16(2)：169 - 173.

[42] Boynton W V. Cosmochemistry of the rare earth elements: meteoraie studies. In: Hederson P, eds. Rare Earth Element Geochemistry[M]. Amsteradam: Elsevier Science, 1984, 63 - 114.

[43] Pearce J A, Harris N B W and Tindle A G. Trace element discrimination diagrams for the tectonic interpretation of granite rock[J]. Petrol, 1984, 25: 956 - 983.

[44] 刘红涛，张旗，刘建民，等. 埃达克岩与 Cu - Au 成矿作用：有待深入研究的岩浆成矿关系[J]. 岩石学报，2004，20(2)：205 - 218.

[45] 张旗，王焰，钱青，等. 中国东部埃达克岩的特征及其构造成矿意义. 岩石学报[J]，2001，17(2)：236 - 244.

[46] 董申保，田伟. 埃达克岩的原义、特征与成因[J]. 地学前缘，2004，11(4)：585 - 594.

[47] 武占祖，陈勇，梁旭辉. 埃达克岩的研究现状及其趋势[J]. 地质找矿论丛，2005，20(3)：204 - 208.

[48] Defant M J, Drummond M S. Derivation of some modern arc magmas by melting of young subducted lithosphere[J]. Nature, 1990, 347: 662 - 665.

[49] Drunmond M S, Defant M J. A model for trondhjemite - tonalite - dacite genesis and crustal growth via slab melting: Archean to modern comparisons[J]. Journal of Geophysical Research, 1990, 95(13): 21503 - 21521.

[50] Drummond M S, Neilson M J, Kepezhinkas P K. The petrogenesis of slab derived trondhjemite - tonalite - dacite/adakite magmas[J]. Transact R. Soc. Edinb. Earth Sci., 1996, 87: 205 - 216.

[51] 王焰，张旗，钱青. 埃达克岩(adakite)的地球化学特征及其构造意义[J]. 地质科学，2000，35(2)：251 - 256.

[52] Kay S M, Mpodozis C, Munizaga F. Magma source variation for mid - late Teriary magmatic rocks associated with a shallowing subduction zone and a thickening crust in the central Andes (28° to 33°S) Argentina, in Harmon RS and Rapela CW(eds.), Andean magmatism and its tectonic setting, Boulder, Colorado[C]. Geological Society of America Special Paper 265, 1991, 113 - 117.

[53] Sajona F G, Maury R. Association of adakites with gold and copper mineralization in the Philippines[J]. Earth & Planetary Sciences, 1998, 326: 27 - 34.

[54] Kay S M andMpodozis C. Central Andean ore deposits linked to evolving shallow subduction systems and thickening crust[J]. GSA Today, 2001, 11(3): 4 - 9.

[55] Pearce J A. Trace element characteristics of Lavas from destructive plate boundaries[C]. In: Thorpe R S. ed. Andesite: Orogenic andesites and related rocks. Chichester: Wiley, 1982, 525 - 548

[56] Wilson M. Igneous Petrogenesis: A Globe Tectonic Approach [M]. London: Unwin Hyman. 1989.

[57] 夏林圻. 造山带火山岩研究[J]. 岩石矿物学杂志, 2001, 20(3): 223 -232.

[58] Norman M D, Leeman W P. Geochemical evolution of Cenozoic - Cretaceous magmatism and its relation to tectonic setting, southwestern Idaho, U. S. A[J]. Earth Planet. Sci. Lett., 1989, 94(1 -2): 78 -96.

[59] Rogers N W. Potassic magmatism as a key to trace - element enrichment processes in the upper mantle[J]. Volcanology and Geothermal Research, 1992, 50: 85 -99.

[60] Pearce J A. The role of sub - continental lithosphere in magma genesis at destructive plate margins[C]. In: Hawkesworth C J and Norry M J, eds. Continental basalts and mantle xenoliths. Nantwich: Shiva, 1983, 230 -249.

[61] Irvine T N. A guide to the chemical classification of the common volcanic rocks[M]. Can. J. EarthSci, 1971, 8: 523 -548.

[62] Frey F A, Prinz M. Ultramafic inclusion from San Carlos, Arizona: petrologic and geochemical data bearing on their petrogenesis[M]. Earth Planet. Sci. Lett., 1978. 38: 129 -176.

[63] 邓万明, 孙宏娟. 青藏北部板内火山岩的同位素地球化学与源区特征[J]. 地学前缘, 1998, 5(4): 307 -317.

[64] Kyser T K. Stable isotope variations in the mantle[C]. In: Vlley J W, Taylor H P (eds.), Stable isotope in high temperature geological processes, reviews in mineralogy 1 6. mineralogy of society of America, 1986, 141 -163.

[65] Jacobsen S B, Wasserburg G J. The mean age of mantle and crustal reservoirs [C]. J. Geophys, Res, 1979, 84: 7411 -7427.

[66] Brown G C, Thorpe R S and Webb P C. The geochemical characteristics of granitoids in contrasting arcs and comments on magma sources[M]. Soc. London, 1984, 413 -426.

[67] Depaolo D J. Crustal growth and mantle evolution: inference from models of element transport and Nd isotopes[J]. Geochim Cosochim A cta, 1980, 44: 1185 -1196.

[68] 李昌年. 火成岩微量元素地球化学[M]. 武汉: 中国地质大学出版社, 1992, 1 -195.

[69] Hart S R. A large - scale isotope anomaly in the southern Hemisphere mantle[J]. Nature, 1984, 309: 753 -757.

[70] Zindle A, Hart S R. Chemical geodynamics [J]. Annu Rev Earth Planet, Sci, 1986, 14: 493 -573.

[71] Neumann E R, Andersen T and Mearns E W. Olivinec linopyroxenite x enoliths in the Oslo rift, SE Norway, Contribution to Mineralogy and Petrology, 1988, 98 : 184 -193.

[72] Beccaluva L, Di G irolamo P, Serri G. Petroenesis and tectonic setting of theR oman Province, Italy[J]. Lithos, 1991, 26: 191 -261.

[73] Varne R. Ancient subcontinental mantle: a source for k - rich orogenic volcanic[J]. Geology, 1985, 13: 405 -408.

[74] Hawkesworth C J, Vollmer R . Crustal contamination versus enriched mantle: $^{143}Nd/^{144}Nd$ and

87Sr/86Sr evidence from the Italian volcanics. Contrib Min Pe trol, 1979, 69: 151 - 165.

[75] Foley S, Peccerillo A. Potassic and ultrapassic magmas and their origin. Lithos, 1992, 28: 181 - 185.

[76] Muller D, Grove D I. Potassic Igneous Rocks and Associated Gold - Copper Mineralization [M]. 3rded. Berlin: Springer - Verlag, 2000, 252.

[77] Morrison G W. Characteristics and tectonic setting of the shoshonite rock association[J]. Lithos, 1980, 13: 97 - 108.

[78] Turib, Talor H P J. Oxygen isotope studies of potassic volcanic rocks of the Roman Province, Central Italy[J]. ContribMin Petrol, 1976, 59: 1 - 33.

[79] Taylor H P, Giannetti B, Turib. Oxygen isotope geochemistry of the potassic igneous rocks from Roccam onfina volcano, Roman co - magmatic region, Italy[J]. Earth Planet Sci Lett, 1979, 46: 81 - 106.

[80] Beccaluval, Digirolam O P, Serri G. Petrogenes and tectonic setting of the Roman Province, Italy[J]. Lithos, 1991, 26: 191 - 261.

[81] Nelson D R. Isotopic characteristics of potassic rocks: Evidence for the involvement of subducted sediments in the magma genesis[J]. Lithos, 1992, 28: 403 - 420.

[82] Alici P, Temel A, Gourgaud A, et al. Petrology and geochemistry of potassic rocks in the Golcuk area (Isparta, SW Turkey): Genesis of enriched alkaline magmas [J]. Volcano Geotherm Res, 1998, 85: 423 - 446.

[83] Muller D, Franz L, Herzig P M, et al. Potassic igneous rocks from the vicinity of epithermal gold mineralization, Lihir Island, Papua New Guinea[J]. Lithos, 2001, 57: 163 - 186.

[84] Gregoire M, Mcinne B I A, O' Reilly S Y. Hydrous metasomatism of oceanic sub - arc mantle, Lihir, Papua New Guinea, Part2. Trace element characteristics of slab - derived fluids [J]. Lithos, 2001, 59: 91 - 108.

[85] 刘洪，邱检生，罗清华，等. 安徽庐枞中生代富钾火山岩成因的地球化学制约[J]. 地球化学, 2002, 31(2): 129 - 138.

[86] Jamieson R A. P - T - t paths of collision orogens [J]. Geologische Rundschau, 1991, 80: 321 - 332.

[87] Richard S P. Collision - related alkalic magmatism and associated gold mineralization: early magmatic fluids in the meso - epithermal Porgera gold deposit, Papua New Guinea[J]. EOS, 1992, 73: 372.

[88] Seltmann R, Kampf H, Moller P. Metallogensis in collisional orogens[M]. Geo - Forschungs Zentrum Postdam, 1994, 1 - 434.

[89] Bostrom K, Peterson M N A. The origin of Al - poor ferromagmanoan sediments in areas of high heat flow on the East Pacific Rise[J]. Mar. Geol, 1969, 7: 427 - 447.

[90] Adachi M, Yamamoto K, Sugisaki R. Hydrothermal chert and associated siliceous rocks from the Northern Pacific, their geological significance as indication of ocean ridge activity [J]. Sedimentary geology, 1986, 47: 125 - 148.

[91] Yamamoto K. Geochemical characteristics and depositional environment of cherts and associated rocks in the Franciscan and Shimanto Terranes[J]. Sedimentary geology, 1987, 52: 65 - 108.

[92] Murray R W. Chemical criteria to identify the depositional environment of chert: general principles and applications[J]. Sediment Geol, 1994, 90: 213 - 232.

[93] Ormiston A E, Lane H R. A unique radiolarian fauna from the Sycamore limestone (Missippippian) and its biostratigraphic significance[J]. Palaeontographica Abt. A, 1976, 154 (4 - 6): 158 - 80.

[94] White A J R and Chappell B W. Granitoid types and their distribution in the Lacklan foldbelt, southeast Australia. Roddick Circum Pacific Plutonic Terranes[J]. Mem, Geol. Soc. Am., 1983, 159: 21 - 34.

[95] Chappell B W, White A J R. Two constrasting granite type[J]. Pacific Geologe, 1974, 8: 173 - 174.

[96] Chappell B W, White A J R and Wyborn D. The importance of residual source material (retite) in granite petrogenesis[J], Journal of Petrology, 1987, 28: 1111 - 1136.

[97] Maniar P D, Piccoli P M. Tectonic discrimination of granitoids[J]. Geol. Soc. Am. Bull., 1989, 101: 635 - 643.

[98] Pearce J A, Harris N B W and Tindle A G.. Trace element discrimination diagrams for the tectonic interpretation of granite rock. J. Petrol., 1984, 25: 956 ~ 983.

[99] White A J R and Chappell B W. Granitoid types and their distribution in the Lacklan foldbelt, southeast Australia. Roddick Circum Pacific Plutonic Terranes[J]. Mem, Geol. Soc. Am., 1983, 159: 21 - 34.

[100] Batchelor R A, Bow den P. Petrogenitic interpretation of granitiod rock series using multication parameters[J]. Chem. Geol, 1985, 48: 43 - 55.

[101] Pitcher W S. Granite type and tectonic environment. Hsuk. Mountain Building Processes[M]. 1983, London: Academic Press, 19 - 40.

[102] 涂绍雄，汪雄武. 20 世纪 90 年代国外花岗岩类研究的某些重大进展[J]. 岩石矿物学杂志，2002，21(2)：107 - 118.

[103] Sylvester P J. Post - collisional strongly peraluminous granites [J]. Lithos, 1998, 45: 29 - 44.

[104] Barbarin B. Granitoids: main petrogenetic classifications in relation to origin and tectonic setting[J]. Geol. J, 1990, 25: 227 - 238.

[105] Barbarin B. Genesis of the two main types of peraluminous granitoids[J]. Geology, 1996, 24: 295 - 298.

[106] Barbarin B. A rewiew of the relationships between granitod types, their origins and their geodynamic environment[J]. Lithos, 1999, 46: 605 - 626.

[107] Whalen J B, Currie K L and Chappell B W. A - type granites: Geochemical characteristics, discrimination and petrogenisis[J]. Contrib. Minerral. Petrol, 1987, 95: 407 - 419.

[108] 中南工业大学. 南澜沧江东带火山岩铜矿遥感地质调查报告. 1986.

[109] 黎彤，倪守斌. 中国大陆岩石圈的化学元素丰度[J]. 地质与勘探，1997，33(1)：31－37.

[110] 鄢明才，迟清华，顾铁新，等. 中国火成岩化学元素的丰度与分布[J]. 地球化学，1996，25(5)：409－424.

[111] Roedder E. Fluid inclusion: rewiews in mineralogy[J]. Mineralogical Society of America, 1984, 12: 644－649.

[112] Ohmoto H and Rye R O. Isotopes of surfer and carbon[M]. In: Geochemistry of hydrothermal ore deposits. John Wiley and sons, New York, 1979, 509－567.

[113] 朱炳泉. 地球科学中同位素体系理论与应用——兼论中国大陆壳幔演化[M]. 北京：科学出版社，1998.

[114] Tayer H P. The application of oxygen and hydrogen isotope studies to problems of hydrothermal alteration and ore deposit[J]. Econ. Geol, 1974, 69: 843－883.

[115] Zartman R E and Doe B R. Plumbtectonics: the model[J]. Tectonophysics, 1991. 75(1－2): 135－162.

[116] Southland Brown A, Cathro R J and Panteleyev A. Metallogeny of the Canadian Metallurgy, Cordillera[C]. In: Canadian Institute of Mining and Metallurgy Transanction, 1971, 74: 121－145.

[117] Cox D P. Descriptive Model of Basaltic Cu[C]. In: Minerral Deposit Models, Cox D P and Singer D A., Editor, U. S. Geological Survey, 1986, Bulletin 1693: 130.

[118] Lorite R H and Clark A H. Statrabound fumarolic copper deposits in rhyolitic lavas and ash－flow tuffs, Copiapo District, Atacama, Chile[C]. In: Problems of Ore Deposition, Fourth International Association on the Genesis of Ore Deposits Symposium, Varna, 1974, 1: 256－264.

[119] Lorite R H and Clark A H. Strata－bound cupriferous sulphide mineralization associated with continental rhyolitic volcanic rocks, northern Chile: 1. The Jardin copper－siver deposit[J]. Economic Geology, 1987, 82: 546－570.

[120] Kirkham R V. NH. In: Lode Metals, British Columbia Ministry of Mines and Petroleum Resources, Annual Report for the year ended December 31, 1968, 121－124.

[121] Weege R J and Pallack. The geology of two new mines in the native copper district of Michigan [J]. Economic Geology, 1972, 67: 622－633.

[122] Jefferson C W, Nelson W E and Kirkham. Geology and copper occurrences of the Natkusiak basalts, Victoria Island, District of Franklin[C], In: Current Research, Part A, Geological Survey of Canada, 1985, Paper 85－1A: 203－214.

[123] Lincoln T N. The redistribution of copper during low－grade metamorphism of the Karmutsen volcanics, Vancover Island, British Columbia [J]. Economic Geology, 1981, 76: 2147－2161.

[124] Ruiz C, Aguilar A and Egert E. Strata－bound copper sulphide deposits of Chile[C]. The Society of Mining Geologists of Japan, Special Issue 3, 1971, 252－260.

[125] Khadem N. Types of copper ore deposits in Iran[C]. In: Symposium on Mining Geology and

the Base Metals. Central Treaty Organization, Ankara, 1964, 101 - 115.

[126] Kirkham R V. Volcanic Redbed Copper [C]. In: Canadian Mineral Deposit Types, Ageological Synopsis, Geological Survey of Canada, 1984, Economic Geology Report 36: 37.

[127] Kirkham R V. Volcanic Redbed Copper[C] In: Geology of Canadian Mineral Deposit Type, Geological Survey of Canada, Geology of Canada, 1996, 8: 243 - 254.

[128] Lefebure D V, Church S L. Volcanic redbed Cu[C]. In: Lefebure D V. Select British Columbia Mineral Deposit Profiles, Volumn 1 - Metallic Deposits. 1996, 13: 5 - 7.

[129] Surdam D C. Origin of native copper and hematite in the Karmutsen Group, Vancouver Island, B. C[J]. Economic Geology, 1968, 63: 961 - 966.

[130] Leblanc M and Billaud P. A volcano - sedimentary copper deposit on a continental margin of upper Preterozoic age: Bleida (anti - Atlas, Morocco)[J]. Economic Geology, 1978, 73: 1101 - 1111.

[131] Jolly W T. Behaviour of Cu, Zn, and Ni during prehnite - pumpellyite rank metamorphism of the Keweenawan basalts, northern Michigan[J]. Economic Geology, 1974, 13: 1118 - 1125.

[132] Harper G. Geology of the Sustut copper deposit in B. C. The Canadian Institute of Mining and Metallurgy[C], Bulletin, 1977, 70: 97 - 104.

[133] Wilton D H C and Sinclair A J. Ore petrology and genesis of a strata - bound disseminated copper deposit at Sustut, British Columbia[J]. Economic Geology, 1988, 83: 30 - 45.

[134] Kindle E D. Classfication and Description of Copper Deposits [C]. Coppermine River; Geological Survey of Canada, 1972, Bullitin 214: 109.

[135] Sato T. Manto Type Copper Deposit in Chile[J]. Bullitin of the Geological Society of Japan, 1984, 35: 565 - 582.

[136] White W S. The native - copper deposits of northern Michigan[C]; In: Ore Deposits of the United States, 1933 - 1967; The Graton - sales Volume, (ed.) J. D. Ridge; American Institute of Mining, Metallurgical and Petroleum Engineers, Inc, New York, 1968, 303 - 325.

[137] Klohn E, Holmgren C and Ruge H. El Soldado, a startabound copper deposit associated with alkaline volcanism in the cental Chilean Costal Range[C]. In: Stratabound Ore Deposits in the Andes, Springer - Verlag, Berlin, 1990, 435 - 448.

[138] Pearson W N, Bretzlaff R E and Carriere J J. Copper deposits and occurrences in the north shore of Lake Huron, Ontario[J]. Geological Survey of Canada, 1985, 83: 8 - 34.

[139] 王砚耕, 王尚彦. 峨眉山大火面岩省与玄武岩型铜矿——以贵州二叠纪玄武岩分布区为例[J]. 贵州地质, 2003, 20(1): 5 - 10.

[140] 朱炳泉, 常向阳, 胡耀国, 等. 滇黔边境鲁甸沿河铜矿床的发现与峨眉山大火山岩省找矿新思路[J]. 地球科学进展, 2002, 17(6): 912 - 917.

[141] 朱炳泉. 大陆溢流玄武岩成矿体系与基韦诺(Keweenaw)型铜矿床[J]. 地质地球化学, 2003, 31(2): 1 - 8.

[142] 罗孝桓, 刘巽锋, 汪玉琼, 等. 贵州威宁地区玄武岩铜矿地质特征[J]. 贵州地质, 2002, 19(4): 215 - 220.

[143] 李厚民，毛景文，张长青，等. 滇黔交界地区玄武岩铜矿同位素地球化学特征[J]. 矿床地质，2004，23(2)：232－240.

[144] 廖震文，胡光道. 一种非传统铜矿资源——黔西北地区峨眉山玄武岩铜矿地质特征及成因探讨[J]. 地质科技情报，2006，25(5)：47－51.

[145] 李厚民，毛景文，张冠，等. 滇黔交界地区玄武岩铜矿蚀变分带和有机包裹体特征及其地质意义[J]. 2006，80(7)：1027－1034.

[146] 张贻侠. 矿床模型导论[M]. 北京：地质出版社，1993，162－170.

[147] 张均. 矿床定位预测的研究现状与趋向[J]. 地球科学进展，1997，12(3)：242－246.

[148] Thomas M D and Parkhill M. Gravity and magnetic prospecting for massive sulfided eposits [J]. Atlantic Geology, 1996, 32(1): 87－88.

[149] Cooke D R and Large R R. Practical uses of chemical modeling; defining new exploration in sedimentary basins [J]. A GSO J. Australian Geology and Geophysics, 1998, 17 (4): 259－275.

[150] Zaw K, Huston D L and Large R R. A chemical model of the Devonian remobilization process in the Cambrian volcanic_hosted massive sulfide Rosebery Deposit, western Tasmania[C]. Economic Geology and the Bulletin of the Society of Economic Geologists, 1999, 94 (4): 529－546.

[151] 翟裕生. 走向21世纪的矿床学[J]. 矿床地质，2001，20(1)：10－14.

[152] 董树文. 造山带构造岩浆演化与成矿作用[C]//陈毓川主编. 当代矿产资源勘查评价的理论和方法. 北京：地震出版社，1999，74－82.

[153] Kay S M. 1994. Yound mafic back arc volcanic rocks as indicators of continental lithospheric delamination beneath the Argentine Pona plateau, Central Andes[C]. Jour. Geophys. Res., 99: 24323－24339.

[154] Kay R W, Kay S M. 1994. Delamination and delamination magmatism[J]. Tectonophysics, 219: 177－189.

[155] Crerar D A, Wood S A, Brantley S, et al. Chemical controls on solubility of ore－forming minerals in hydrothemical solution[J]. CAN. Miner, 1985(23): 333－352.

[156] Kudrin A V, Varyash L N, Pashkov Y N, et al. The geochemical behaviour of copper and molebde－num in ore－forming processes[M]. Geology and Metallogeny of Copper Deposit. Heidelberg: Spring－Verlag, 1996, 209－215.

[157] Candela P A and Holland H D. A mass tranfer model for Copper and molybdenum in magmatic hydrothermal system: the origin of porhyry type ore deposit[J]. Econ Geol, 1986, 81: 1－19.

[158] Candela P A. Physics of aqueous phase evolution in plutonic environment[J]. Amer Minerral, 1991, 76: 1091－1099.

[159] Kepper H and Willie. Partitioning of Cu, Sn, Mo, W, U and Th between melt and aqueous fluid in the system haplogranite－H_2O－HCl and hyplogranite－H_2O－HF[J]. Contrib Mineral Petrol, 1991, 109: 139－150.

[160] Barnes H L. Geochemistry of hydrothermal oredeposit[M]. 2nd edition, John willy, New York, 1979.

[161] Meschede M. A method of discriminating between different type of mid - ocean ridge basalts and continental tholeiites with the Nb - Zr - Y diagram[J]. Chem. Geol, 1986, 56: 207 - 218.

[162] 朱勤文, 张双全, 谭劲. 确定南澜沧江缝合带带的火山岩地球化学证据[J]. 岩石矿物学杂志, 1998, 17(4): 298 - 307.

[163] 莫宣学, 路凤香, 沈上越, 等. 三江特提斯火山作用与成矿[M]. 北京: 地质出版社, 1993, 128 - 157.

[164] 薛春纪, 陈毓川, 杨建民, 等. 滇西兰坪盆地构造体制和成矿背景分析[J]. 矿床地质, 2002, 21(1): 36 - 43.

[165] 翟裕生, 邓军, 李晓波. 区域成矿学[M]. 北京: 地质出版社, 1999.

[166] 罗君烈. 滇西特提斯的演化及主要金属矿床的形成作用[J]. 云南地质, 1991, 10(1).

[167] Sillitoe R H. A plate tectonic model for the origin of porphyry copper deposits[J]. Econ. Geol., 1972, 67: 184 - 197.

[168] 杨岳清, 杨建民, 徐德才, 等. 云南澜沧江南段火山岩演化及其铜多金属矿床的成矿特点[J]. 矿床地质, 2006, 25(4): 447 - 462.

[169] 张洪涛, 陈仁义, 韩芳林. 重新认识中国斑岩铜矿床的成矿地质条件[J]. 矿床地质, 2004, 23(2): 150 - 163.

[170] 刘继顺, 舒广龙, 高珍权. 鄂东丰山矿田卡林型金矿地质地球化学特征[J]. 地学前缘, 2004, 11(2): 380 - 384.

[171] 刘继顺, 马光, 舒广龙. 湖北铜绿山矽卡岩型铜铁矿床中隐爆角砾岩型金铜矿体的发现及其找矿前景[J]. 矿床地质, 2005, 24(5): 527 - 536.

[172] 高合明. 斑岩铜矿矿床研究综述[J]. 地球科学进展, 1995, 10(1): 40 - 46.

[173] Oyuyzun R and Marquez A. Giant versus small porphyry copper deposits of Cenozoic age in northern Chile: adakitic versus normal calc - alkalline magatasm[J]. Mineralium Deposita, 2001, 36: 794 - 798.

[174] 曾普胜, 王海平, 莫宣学, 等. 中甸岛弧带构造格架及斑岩铜矿前景[J]. 地球学报, 2004, 25(5): 535 - 540.

[175] 黄震. 云南澜沧江火山 - 侵入岩带的区域成岩成矿地质地球化学[D]. 合肥: 合肥工业大学, 2006.

[176] 张彩华, 刘继顺, 张洪培, 等. 滇西南澜沧带晚三叠世富钾火山岩地球化学特征及成因[J]. 中国有色金属学报, 2012, 22(3): 669 - 679.

[177] 张彩华, 刘继顺, 刘德利. 滇西南澜沧江带官房铜矿矿床成因和成矿模式探讨[J]. 大地构造与成矿学, 2006, 30(3): 370 - 380.

[178] 张彩华, 刘继顺, 刘德利. 滇西南澜沧江带官房地区三叠纪火山岩地质地球化学特征及其构造环境[J]. 2006, 25(5): 377 - 386.

[179] 张彩华, 刘继顺, 刘德利, 等. 滇西南澜沧江带老毛村小岩体的地质地球化学特征、形成时代与构造环境[J]. 矿物学报, 2006, 26(3): 317 - 324.

[180] 刘德利，刘继顺，张彩华，等. 云南官房铜矿床矿石矿物特征及银的赋存状态[J]. 矿床地质，2008，27(6)：695－704.

[181] 刘德利，刘继顺，张彩华，等. 滇西南澜沧江结合带北段云县花岗岩的地质特征及形成环境[J]. 岩石矿物学杂志，2008，27(1)：23－31.

图 版

图版 I

1 2 3 4 5 6

7

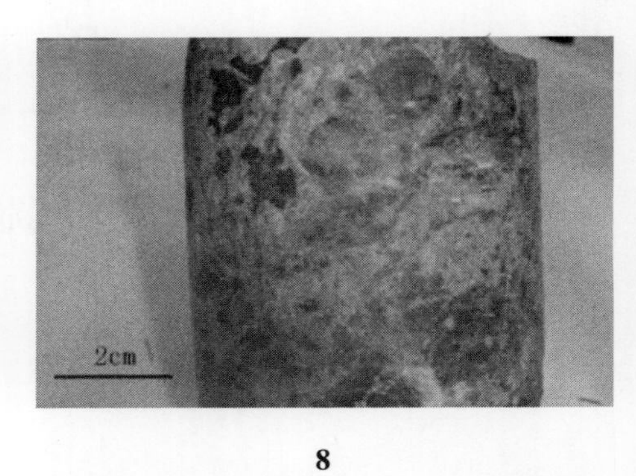

8

图版Ⅱ

1

2

3

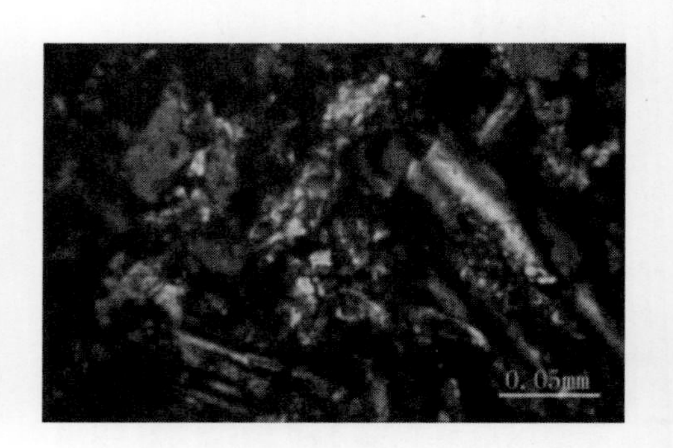

4

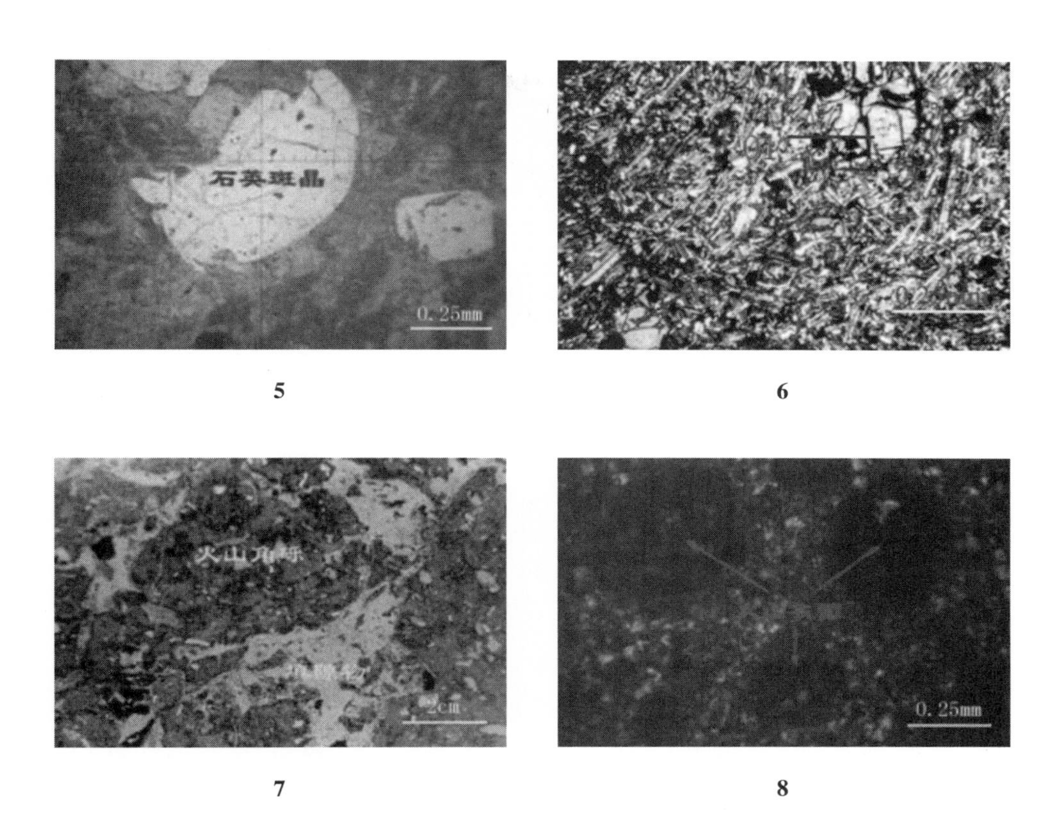

5　　6

7　　8

图版Ⅲ

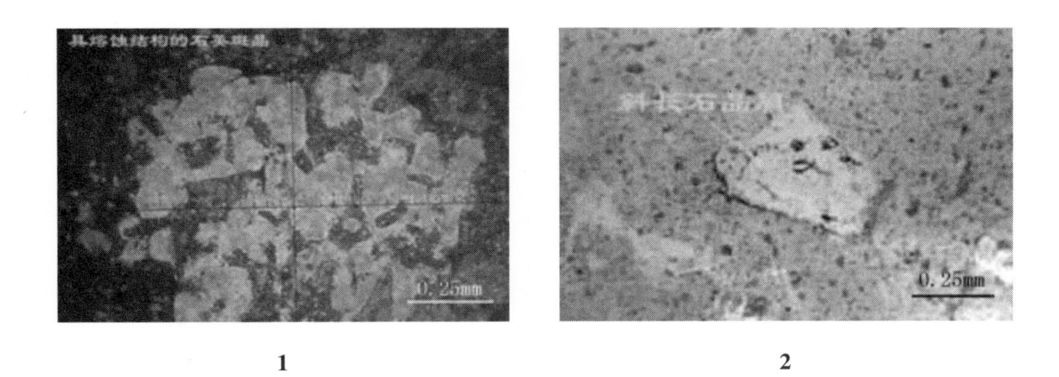

1　　2

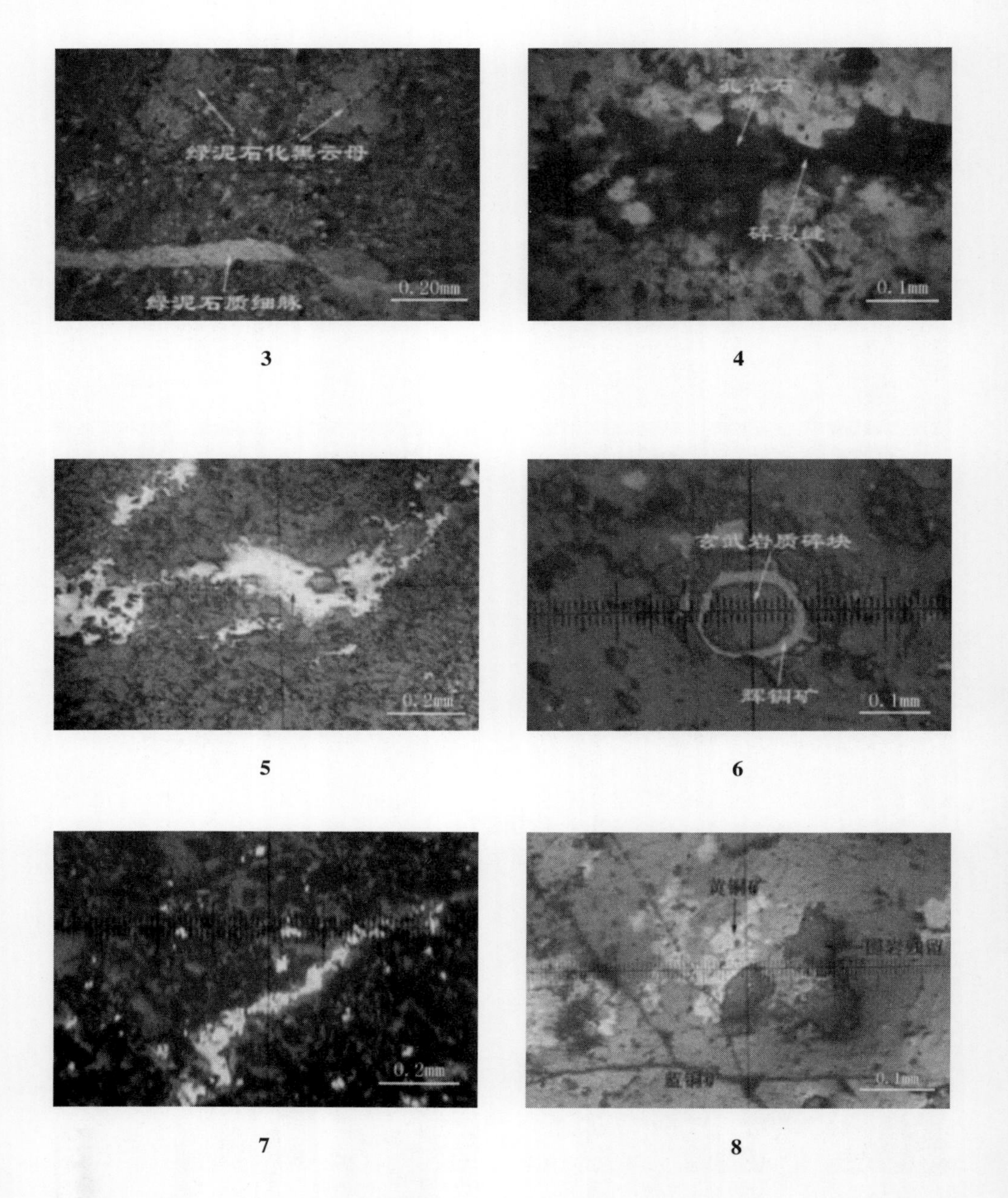
绿泥石化黑云母
绿泥石质细脉
0.20mm
碎裂缝
0.1mm
0.2mm
玄武岩质碎块
辉铜矿
0.1mm
0.2mm
黄铜矿
蓝铜矿
0.1mm

3 4

5 6

7 8

图版Ⅳ

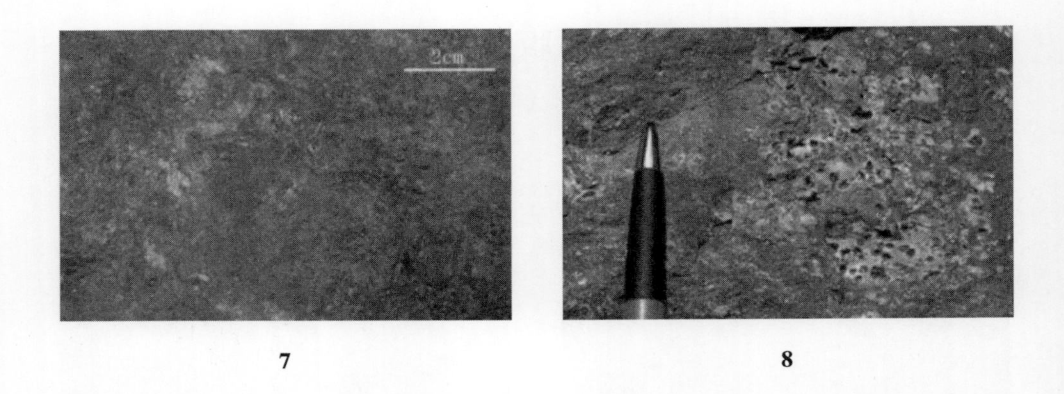

图版Ⅴ

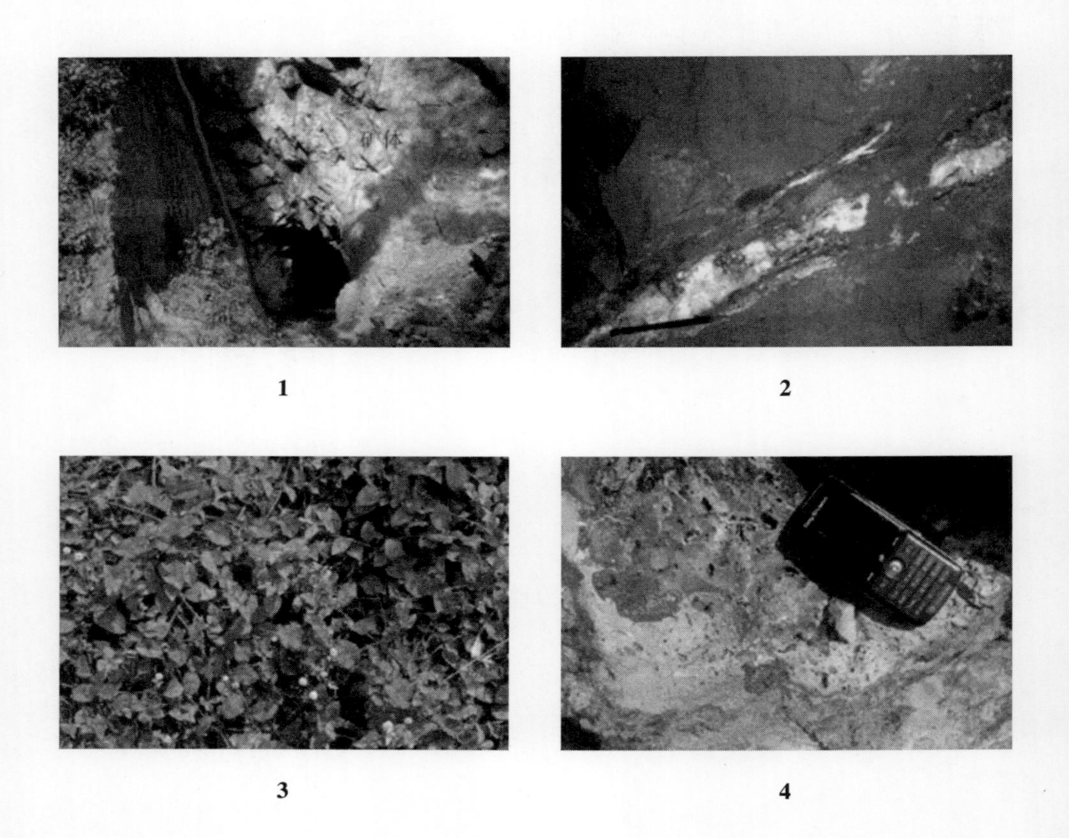

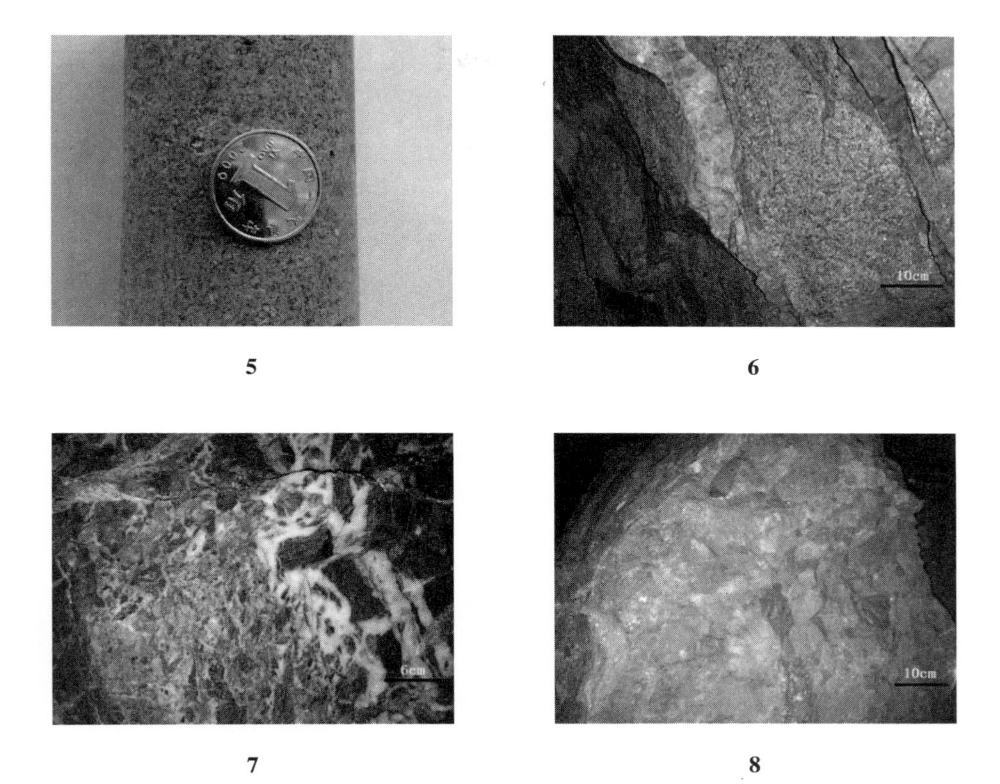

5 6

7 8

图版说明

图版Ⅰ

1　欣欣向荣的官房铜矿一角

2　岩脚—南信河矿段Ⅱ-②号矿体地表氧化露头

3　大麦地小定西组第二段第二亚段中的小向斜

4　老毛村产状平缓的硅质岩,上覆岩层为小定西组第二段第一亚段基性火山岩

5　老毛村小定西组第一段第二亚段顶部的凝灰质粘板岩

6　山南产于破碎带中产状陡倾的石英脉型铜矿体,红线右侧为小定西组第二段第一亚段玄武岩

7　向阳山小定西组第二段第二亚段紫红色绿泥石杏仁玄武岩

8　圆宝山钻孔揭露出的忙怀组流纹质火山角砾岩

图版Ⅱ

1　老毛村永进水沟中的沉集块岩

2　圆宝山钻孔忙怀组流纹岩中产状陡倾的石英细脉及其中的黄铁矿化

3　向阳山老六号玄武质基性火山岩中的交织结构,单偏光

4　玄武质基性火山岩中的间隐间粒结构,单偏光

5　忙怀组流纹岩中具熔蚀现象和碎裂化的石英斑晶,基质具霏细结构,单偏光

6　钾玄岩中的橄榄石斑晶,蛇纹石化、绿泥石化明显,正交偏光

7　火山角砾构造,角砾成分为塑性-半塑性玄武质岩屑,胶结物成分为石英-硅质和绿泥石,单偏光

8　小定西组玄武质凝灰岩中的凝灰结构和火山灰团,具较明显的硅化,单偏光

图版Ⅲ

1 忙怀组流纹岩中具有熔蚀结构的石英斑晶,基质具霏细结构,单偏光
2 向阳山玄武质凝灰岩中的凝灰结构,单偏光
3 辉绿岩脉的辉绿结构
4 官房矿区拿鱼河河谷中忙怀组顶部的孔雀石化碎裂岩化粉砂岩
5 黄铜矿、辉铜矿晶体呈不等粒他形粒状结构
6 矿石的包裹结构,表现为辉铜矿包裹玄武质碎块
7 细脉状和浸染状黄铁矿,反光
8 浸染状黄铜矿和呈黄铜矿假象的蓝铜矿,反光

图版Ⅳ

1 矿石假象结构,表现为蓝铜矿呈现黄铜矿假象,反光
2 呈角砾胶结物产出的黄铜矿,反光
3 向阳山矿段 1400 m 中段蚀变角砾岩,深色角砾为玄武岩残留体,浅色胶结物为以黄铁矿为主的蚀变矿物,与成矿关系密切,是直接的找矿标志
4 向阳山矿段 1488 m 中段角砾状矿石,紫红色角砾为玄武岩残留体
5 山南矿段石英脉型铜矿体中的角砾状矿石,深色角砾为小定西组玄武质断层角砾
6 向阳山矿段 1488 m 中段细脉状黄铜矿矿石
7 向阳山矿段 1600 m 中段浸染状斑铜矿、黄铜矿矿石
8 向阳山矿段 1576 m 中段矿石的气孔杏仁构造

图版Ⅴ

1 草子坝铜矿点赋存于断裂破碎带上盘小定西组玄武质基性火山岩中的铜矿体
2 向阳山矿段 1488 m 中段赋存于玄武岩浸染状矿体中的含铜石英脉
3 铜草研究区内铜矿地质找矿标志之一
4 罗克扎铜矿点中呈胶状构造的氧化矿
5 官房铜矿向阳山矿段钻孔中发现的闪长岩体岩芯
6 向阳山矿段 1060 m 排水斜井发现的闪长岩体
7 向阳山矿段 1300 m 中段 2 - 1 号“筒状”矿体中深色玄武岩角砾矿石高度

破碎并被大量有铜矿化的石英脉胶结,显示多期成矿的特点

8　向阳山矿段 1090 m 中段新发现的角砾岩型富铜银矿体,黄铜矿和斑铜矿胶结磨圆度较好的玄武安山岩角砾